工业和信息化部"十四五"规划教材
建设重点研究基地精品出版工程

U0233365

红外物理

INFRARED PHYSICS

宦克为　陈卫军　韩雪艳　编著

北京理工大学出版社
BEIJING INSTITUTE OF TECHNOLOGY PRESS

内 容 简 介

本书在现有的红外物理基本理论框架上，深度融入了红外热成像技术、红外偏振成像技术，既注重夯实基础，又关注到系统体系。本书讲解了红外物理的基本概念及基本理论，选取具有代表性的典型红外热成像系统、红外偏振成像系统，对其组成结构、工作原理和性能分析等进行了详细论述。

本书叙述由浅入深、循序渐进，内容全面、系统，重点突出。

本书可供高等学校电子科学与技术、光学工程、仪器科学与技术、兵器科学与技术等学科专业的本科生、硕士研究生使用，也可供相关专业的科技工作者参考。

图书在版编目（CIP）数据

红外物理／宦克为，陈卫军，韩雪艳编著． -- 北京：
北京理工大学出版社，2024.4
ISBN 978 - 7 - 5763 - 3768 - 6

Ⅰ．①红… Ⅱ．①宦… ②陈… ③韩… Ⅲ．①红外物
理 Ⅳ．①TN211

中国国家版本馆 CIP 数据核字（2024）第 069345 号

责任编辑：陈莉华		**文案编辑**：陈莉华	
责任校对：周瑞红		**责任印制**：李志强	

出版发行 ／ 北京理工大学出版社有限责任公司

社　　址 ／ 北京市丰台区四合庄路 6 号

邮　　编 ／ 100070

电　　话 ／ （010）68944439（学术售后服务热线）

网　　址 ／ http：//www.bitpress.com.cn

版 印 次 ／ 2024 年 4 月第 1 版第 1 次印刷

印　　刷 ／ 廊坊市印艺阁数字科技有限公司

开　　本 ／ 787 mm×1092 mm　1/16

印　　张 ／ 11.75

字　　数 ／ 282 千字

定　　价 ／ 52.00 元

红外技术是一门广泛地应用于军事和经济建设领域的现代科学技术，对人类社会产生着越来越重要的影响，涉及红外技术的相关内容也逐渐延伸到更多的专业。红外物理是从能量角度研究光学波段电磁波规律的科学知识，主要论述红外辐射的计算、测量及其应用的原理和方法，是红外技术的理论基础；红外系统是将红外物理、光学元件、红外探测器、信息检测与处理、信号显示与控制等技术融为一体，是人们感知和认识光学信息的主要工具，是目前红外技术发展的最高阶段和表现形式。随着红外技术的进步和发展，各种类型的红外系统不断涌现，其功能持续完善，应用领域大幅拓宽，已在军事、工业、农业、医疗、科学等领域得到了广泛应用。红外物理为红外系统的发展提供了理论基础和实验依据，二者是紧密联系，相互促进的。

为了使读者掌握红外技术的基础知识、基本原理，并了解红外技术的发展水平，编著者结合多年来的科研和教学体会，编写了本书。全书分为6章，是编著者根据多年的教学经验和科研实践，按照新形势下教材改革的精神，结合"红外物理"的发展现状及趋势编写的，将"课程思政""理工融合"的思想贯穿其中，内容充实、重点突出、通俗易懂、便于教学。本书主要讲解了红外辐射的基本概念、光度学与辐射度学的基本理论、热辐射的基本定律、红外辐射源的基本特性和应用、红外辐射在大气中的传输规律、红外热成像技术、红外偏振成像原理与技术等。

本书第 1 章至第 4 章由宦克为、宋贵才共同编著；第 5 章和第 6 章由陈卫军、韩雪艳、李野共同编著；同时感谢徐博阳、夏天、张亦驰等硕士研究生在出版校稿等方面的帮助。

本书在编写过程中得到了北京理工大学出版社各位老师的支持和帮助，谨向他们表示诚挚的感谢。同时，在本书编写过程中，参考了大量的文献资料，在此向所有同人深表谢意。

红外物理与技术涉及的领域十分广泛，综合性非常强，其正处于高速发展阶段，作者虽竭尽所能，但因水平有限，书中难免有一些不妥之处，恳请读者批评指正。

目　录
CONTENTS

第 1 章

辐射度学和光度学基础

本章主要介绍辐射度学与光度学的基本概念及基本理论，包括立体角、辐射强度、辐射出射度、辐射亮度、辐射照度、光亮度、光强度、光出射度及光照度等；同时以例题形式给出辐射量之间、光度量之间以及辐射量和光度量之间的相互转化。另外，还讲解了朗伯辐射源的基本规律以及辐射的反射、透射等。

 ## 学习目标

掌握辐射度学的基本物理量及相互之间的转化；掌握辐射度学与光度学的基本关系；掌握辐射量计算的基本规律；掌握辐射反射、吸收和透射的基本概念及应用。

 ## 本章要点

（1）辐射量与光度量的基本概念（立体角、强度、亮度、照度等）；
（2）辐射计算的基本规律（距离平方反比定律、立体角投影定律等）；
（3）简单物理模型的辐射量计算（圆盘、球面、半球面等）；
（4）辐射反射、吸收和透射的基本概念及应用。

在辐射度学和光度学中，测量对象都是光学辐射，但是由于所依据的评价标准不同，常用的光度量和辐射量也不同。随着光学辐射在各领域的广泛应用，辐射测量的重要性也与日俱增。

光学是研究光的传播以及它和物质相互作用的科学。按照研究手段来划分，光学一般分为几何光学、物理光学和量子光学 3 大类。几何光学是以光线在均匀介质中的直线传播规律为基础，研究光的反射、折射及成像原理，是为设计各种光学仪器而发展起来的一门专业学科。物理光学是在证明了光是一种电磁波以后，研究光的干涉、衍射和偏振等光的波动性规律的科学。而量子光学通常是在分子或原子的尺度上研究光与物质的相互作用。在量子光学中引入了一个重要概念，即"光子"，这种微粒同时具有波动和粒子两种特性，即既具有一定的频率，又具有动量和动能，它承载了光的能量，揭示了光的波粒二象性。

光既然是一种传播着的能量，如何度量和定量研究这种能量呢？辐射度学和光度学的任务就是对光能进行定量的研究。辐射度学起源于物理学上对物体热辐射特性的研究。有关绝对黑体辐射特性的研究成果奠定了辐射测量的基础。随着光学辐射在工业、农业、军事和科学研究等方面的应用日益广泛，辐射测量的重要性也与日俱增。因而辐射测量技术得到很大发展，并逐渐渗透到光度技术中去，使光度技术从以目视法占统治的状态，逐渐过渡到使用各种光电和热电接收器的物理方法，大大改善了测量精度和提高了工作效率。另外，在辐射度技术中，也借用了光度学的表达方法来描述辐射源和辐照场的各种辐射度特性，而建立起与光度学相似的理论体系。光度学和辐射度学的应用主要有以下3个方面。

（1）光源的光度和辐射度特性的测量。用作人工照明的光源，需要测量其各种光度特性，如总光通量、发光强度的空间分布、发光体的亮度等，作为生产厂控制产品质量和照明工程设计的依据。现代光源已远远超出了传统上用作照明的范围，而越来越广泛地用于各种工农业生产过程、医疗保健、科学研究、空间技术等方面；现代照明也不单纯是提供一定数量的可见光，还要求具有一定的显色特性，并提供或限制某些红外和紫外辐射，因而还要求测量光源的各种辐射度特性，如总的辐射功率、辐射的光谱组成、辐射强度的空间分布、辐射亮度等。根据光谱组成计算其色度特性和显色指数可作为评价光源品质、适用范围和实际应用的依据。对光照场和辐照场的光照度、辐射照度和光亮度的分布的测量，也是实际工作中广泛应用的一个方面。

（2）材料和媒质的光度和辐射度特性的测量。光度和辐射度技术在光学工业、照明工程、遥感技术、色度学和大气光学等领域有重要的应用。各种材料、样板及若干种工农业产品，需要测定它们在各种几何条件下的积分和光谱的反射率或透射率。在各种条件下大气对光学辐射的传输特性的测量，这些都必须利用光度和辐射度技术。

（3）各种光学辐射探测器如太阳能电池、硅光电二极管、光电管、光电倍增管、热电偶、热电堆以及各种光敏和热敏元件，广泛用于光学辐射的探测/测量仪器、控制系统和换能装置等方面，也需要用光度和辐射度技术测定它们的积分灵敏度、光谱灵敏度及响应的线性等特性，为合理有效地使用提供依据。

需要强调的是，虽然辐射度学和光度学的研究对象都是非相干的光辐射，而且它们的传播都遵循几何光学原理，即光是沿直线传播的，辐射的波动性不会使辐射能的空间分布偏离几何光线，但是由于光度学中包含了人眼特性，因此研究规律只限于可见光范围，而辐射度学的规律则适用于从紫外到红外波段，有些规律适用于整个电磁波。辐射量是纯物理量，而光度量则是通过对人眼进行测试和统计得出的，所以各种辐射量的计算和测量显然不能用光度量，必须用不受人们主观视觉限制、建立在物理测量基础上的辐射量。

在实际应用中，辐射量和光度量的名称基本一致，例如强度、亮度、照度等，而且一般都用相同的符号表示，注意不要混淆。通常在同时使用的时候，以符号的下标来区分辐射量和光度量，大部分文献中，以下标 e 或不用下标表示辐射量，以下标 v 表示光度量。

红外物理就是从光是一种能量的角度出发，定量地讨论光辐射的计算和测量问题。

1.1　红外辐射的基本概念

红外高光谱
成像技术

众所周知，从波长很短的宇宙射线到波长很长的无线电波都是不同波长的电磁波，或称为电磁辐射。以前的物理知识说明光也是电磁波，可见光的波长为 $0.38 \sim 0.78\ \mu m$，人眼能够看到的颜色依次是紫、蓝、青、绿、黄、橙、红等，位于红色光以外的电磁辐射称为"红外"，波长在 $0.78 \sim 1\ 000\ \mu m$ 范围。同理，比紫色光波长短的部分称为"紫外"，波长在 $0.01 \sim 0.38\ \mu m$ 范围，如图 1.1 所示。

红外技术的
主要研究内容

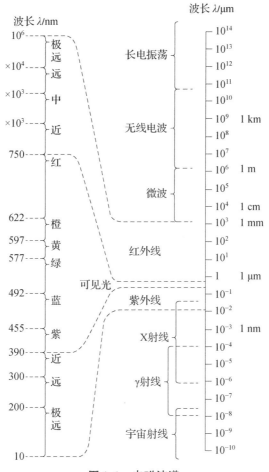

图 1.1 电磁波谱

红外辐射是人眼看不见的光线，通常人们又把红外辐射称为红外光、红外线，是指波长在 0.75 μm 到 1 000 μm 的电磁波，是英国科学家赫歇尔（Herschel）在 1800 年发现的。绝对零度以上的物体都在不停地向外辐射一定波长的电磁波，由热力学第三定律可知：绝对零度不能达到，所以自然界中所有物体的绝对温度都不等于零，都存在辐射且其峰值波长为 λ_m。温度从零下几十摄氏度的物体直到约 6 000 K 的太阳，辐射的波长在可见光到远红外之间，而大部分物体的辐射都在红外波段。维恩（Wien）位移定律 $\lambda T = b$ 能够很好地说明这一问题，其中 T 是绝对温度，b 是常数。

在物质内部，电子、原子、分子都在不断地运动，有很多可能的运动状态。这些状态都是稳定的，各具有一定的能量，通常用"能级"来表示这些状态。在正常情况下，物质总是处在能量最低的基态能级上。如果有外界的刺激或干扰，把适当的能量传递给电子、原子或分子，后者就可以改变运动状态，进入能量较高的激发态能级。但电子、原子或分子在激发态停留的时间很短，很快就回到能量较低的能级中去，把多余的能量释放出来。这个时候就会发射电磁波，发射出来的电磁波的频率为

$$\nu = (E_1 - E_2)/h \tag{1.1}$$

式中，h 为普朗克常数，$h = 6.626 \times 10^{-34}$ J·s，E_1 和 E_2 表示能级 1 和能级 2 的能量。

辐射是来自物质的，而任何物体都包含着极大数目的原子或分子，每个原子或分子都有很多能级，从高能级跃迁到低能级都会发射光子，实际发射出来的电磁波就是这些大量光子的总和。各个原子或分子发射光子的过程基本上是互相独立的，光子发射的时间有先有后。光子发射时，原子或分子在空间的取向有各种可能，因而光子可向各个方向发射，其电磁场振动也可有各种方向，再加上物体内各能级之间的相互影响，两能级之间的能量差会有极小的变动。所有这些因素的联合作用，使所发射出来的辐射包含着各种频率。

采用适当办法，可迫使某两个能级之间的光子发射过程都发生在同一时间向同一方向，这就能得到频带非常狭窄、方向性极好、强度很高的光，这就是激光。在无线电波和微波范围内，利用电子在真空里的运动产生电磁波，迫使所有电子做相同的运动态的改变，就可以发射出单一频率的、偏振的相干辐射。辐射是从物体内部发射出来的，但在辐射的过程中会消耗能量，故必须从外界给以扰动，给以能量，这个过程称为激励，激光器中又称为泵浦源。激励的方法有多种，其中与红外辐射关系最为密切的是加热。

电磁波谱被划分为许多不同名称的波段，主要是根据它们的产生方法、传播方式、测量技术和应用范围的不同而自然划分的，但划分的方法则因学科或技术领域不同而异。红外辐射波段的划分方法则根据红外辐射的产生机理、应用范围和研究方向的不同而不同，但各有各的道理。

在光谱学中，根据红外辐射产生机理的不同把红外辐射划分成 3 个区域，它们各对应着分子跃迁的不同状态。目前，在光谱学中，划分波段的方法尚不统一。一般分别以 0.75 ~ 3 μm、3 ~ 40 μm 和 40 ~ 1 000 μm 作为近红外、中红外和远红外波段。近红外区对应原子能级之间的跃迁和分子振动泛频区的振动光谱带；中红外区对应分子转动能级和振动能级之间的跃迁；远红外区对应分子转动能级之间的跃迁。近红外是可以用玻璃作为透射材料和用硫化铅探测器进行检测的波段。中红外原来是以棱镜作为色散元件的波段，但后来都采用光栅作为色散元件，40 μm 这个界限不再有意义。但是，40 μm 又是石英能让红外辐射透过的起始波长，故仍可作为中红外波段与远红外波段的界限。在远红外波段的长波段，传统的几何光学和微波传输技术都不适用，需要发展新的技术。新技术适用的波段也可能是一个新名称的波段。此外，远红外波段内出现激光，以辐射源是否具有相干性作为远红外与微波划界的标准已不适用。因而暂以 1 000 μm 作为远红外波段的界限，把波长为 1 ~ 3 mm 的电磁波称为短毫米波。

在红外技术领域中，红外辐射波段的划分如表 1.1 所示。

表 1.1　红外辐射波段的划分

波段	近红外	中红外	远红外	极远红外
波长/μm	0.75 ~ 3	3 ~ 6	6 ~ 15	15 ~ 1 000

上述划分方法是在前 3 个波段中，每一个波段都至少包含一个大气窗口，所谓大气窗口，是指大气中能够透过红外辐射的波段，除这些窗口之外，红外辐射在大气中基本上不能传播或传播距离很近。由于大气对红外辐射的吸收，只留下 3 个"窗口"，即 1 ~ 3 μm、3 ~ 5 μm、8 ~ 13 μm，可以通过红外辐射。因而在军事应用上，分别称这 3 个波段为近红外、中红外、远红外波段。

1.2　描述辐射场的基本物理量

1.2.1　立体角及其意义

立体角是一个物体对特定点的三维空间的角度。它是一个几何量。在光辐射测量中，很多描述辐射场特性的基本物理量都要用到立体角。例如，在描述一个辐射源在空间的辐射特性时，常用亮度这个物理量，它是指单位面积的发光面在其法线方向上单位立体角范围内辐射的功率，一般的激光器发射的激光束在空间所占的立体角的数量级只有约 10^{-6} 球面度。而普通光源发光（如电灯光）是朝向空间各个可能的方向的，它的发光立体角为整个空间。相比之下，普通光源的发光立体角是激光器的 $4\pi/(10^{-3})^2 = 1.26 \times 10^7$ 倍，达到百万倍量级。因此，激光束可以把很高的能量集中在非常小的立体角空间内发射出去，这也是激光光源与普通光源相比为何具有高亮度特性的原因。对于天然辐射源——太阳，常用太阳常数来描述太阳的亮度，指平均日地距离时，它为在地球大气层上界垂直于太阳辐射的单位表面积上所接收的太阳辐射能。近年来，通过各种先进手段测得的太阳常数的标准值为 1 353 W/m^2。太阳辐射出的能量是地球获得的 20 亿倍，也就是大约 3.826×10^{26} W。大体上讲，激光可以达到比太阳光的亮度还高 100 万亿倍的亮度，而普通光源的亮度则比太阳光还低。

既然任一光源发射的光能量都是辐射在它周围的一定空间内的，因此，在进行有关光辐射的讨论和计算时，也将是一个立体空间问题。与平面角度相似，我们可把整个空间以某一点为中心划分成若干立体角。

1. 立体角的定义

定义：一个任意形状椎面所包含的空间称为立体角，用符号 Ω 表示，单位是球面度，用符号 sr 表示。

如图 1.2 所示，ΔA 是半径为 R 的球面的一部分，ΔA 的边缘各点与球心 O 的连线所包围的那部分空间叫立体角。立体角的数值为部分球面面积 ΔA 与球半径平方之比，即

$$\Omega = \frac{\Delta A}{R^2} \tag{1.2}$$

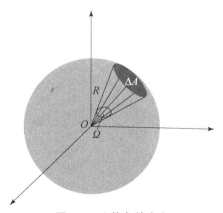

图 1.2　立体角的定义

单位立体角：以 O 为球心、R 为半径作球，若立体角 Ω 截出的球面部分的面积为 R^2，则此球面部分所对应的立体角称为一个单位立体角，或一球面度。

对于一个给定顶点 O 和一个随意方向的微小面积 dS，它们对应的立体角为

$$d\Omega = \frac{dS\cos\theta}{R^2} \tag{1.3}$$

式中，θ 为 dS 与投影面积 dA 的夹角，R 为 O 点到 dS 中心的距离，如图 1.3 所示。

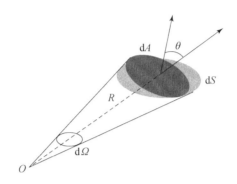

图 1.3　任意方向球面的立体角

2. 立体角的计算

【例 1】球面所对应的立体角，如图 1.4 所示。全球的面积 $S = 4\pi R^2$，根据定义，球面所对应的立体角为

$$\Omega = \frac{4\pi R^2}{R^2} = 4\pi$$

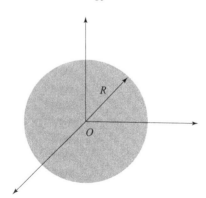

图 1.4　球面对应的立体角

全球所对应的立体角是整个空间，又称为 4π 空间。同理，半球所对应的立体角为 2π 空间。

【例 2】球冠所对应的立体角，如图 1.5 所示。球冠面积为

$$S = 2\pi R \cdot CD = 2\pi(1 - \cos\alpha)R^2$$

球冠所对应的立体角为

$$\Omega = \frac{2\pi(1 - \cos\alpha)R^2}{R^2} = 4\pi\sin^2\frac{\alpha}{2} \tag{1.4}$$

当 α 很小时，可用小平面代替球面，5°以下时误差 ≤1%。

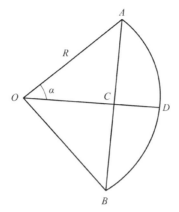

图 1.5　球冠所对应的立体角

【例 3】 球台侧面所对应的立体角，如图 1.6 所示。根据球冠面积计算公式，球台侧面的面积为大球面积减去小球面积，即

$$S = 2\pi R^2 (\cos \alpha_1 - \cos \alpha_2)$$

球台所对应的立体角为

$$\Omega = 2\pi (\cos \alpha_1 - \cos \alpha_2) \tag{1.5}$$

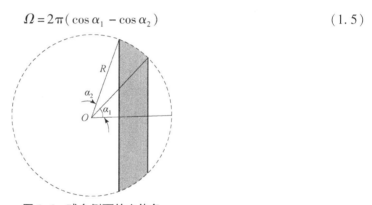

图 1.6　球台侧面的立体角

立体角还可以用球坐标表示，图 1.7 中微小面积元可以近似用矩形的面积表示

$$\mathrm{d}S = r^2 \sin \theta \cdot \mathrm{d}\theta \cdot \mathrm{d}\phi$$

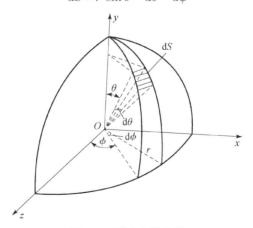

图 1.7　用球坐标表示

则 dS 对应的立体角为

$$\mathrm{d}\Omega = \sin\theta \cdot \mathrm{d}\theta \cdot \mathrm{d}\phi \qquad (1.6)$$

计算某一个立体角时，在一定范围内积分即可。

$$\Omega = \int \mathrm{d}\Omega$$

例如，求整个球面的立体角，可以对 θ 和 ϕ 积分，则

$$\Omega = \int \mathrm{d}\Omega = \int_0^{2\pi} \mathrm{d}\phi \int_0^{\pi} \sin\theta\mathrm{d}\theta = 4\pi$$

球冠的立体角

$$\Omega = \int \mathrm{d}\Omega = \int_0^{2\pi} \mathrm{d}\phi \int_0^{\alpha} \sin\theta\mathrm{d}\theta = 2\pi(1-\cos\alpha) = 4\pi\sin^2\frac{\alpha}{2}$$

球台的立体角

$$\Omega = \int \mathrm{d}\Omega = \int_0^{2\pi} \mathrm{d}\phi \int_{\alpha_1}^{\alpha_2} \sin\theta\mathrm{d}\theta = 2\pi(\cos\alpha_1 - \cos\alpha_2)$$

1.2.2 辐射量

通常，把以电磁波形式传播的能量称为辐射能，用 Q 表示，单位为 J（焦耳）。

$$Q = h\nu \qquad (1.7)$$

式中，h 是普朗克常数，ν 是光的频率，ν 与光速 c、波长 λ 之间都是可换算的。辐射能既可以表示辐射源发出的电磁波的能量，也可以表示被辐射表面接收到的电磁波的能量，也就是辐射功率。辐射功率以及由它派生出来的几个辐射度学中的物理量，属于基本物理量。它们的量值都可以用专门的红外辐射计在离开辐射源一定的距离上进行测量，所以其他辐射量都是由辐射功率（或称为辐射通量）Φ 定义的。

辐射通量 Φ：单位时间内通过某一面积的光辐射能量。其单位是 W（瓦）。

$$\Phi = \frac{\mathrm{d}Q}{\mathrm{d}t} \qquad (1.8)$$

式中，Q 为辐射能量。Φ 与功率意义相同，所以在很多文献中辐射能量与辐射功率 P 是混用的。

1. 辐射强度

辐射强度是描述点辐射源特性的辐射量。辐射源尺寸的大小是相对的，如果辐射源与观测点之间距离大于辐射源最大尺寸 10 倍时，可当作点源处理，忽略其物理尺寸，在光路图上只是一个点，否则称为扩展源或面源。

若点辐射源在小立体角 $\Delta\Omega$ 内的辐射功率为 $\Delta\Phi$，则 $\Delta\Phi$ 与 $\Delta\Omega$ 之比的极限值定义为该点源的辐射强度，用符号 I 表示。

$$I = \lim_{\Delta\Omega \to 0} \frac{\Delta\Phi}{\Delta\Omega} = \frac{\partial\Phi}{\partial\Omega} \qquad (1.9)$$

其物理意义是点辐射源在某一方向上的辐射强度，指辐射源在包含该方向的单位立体角内所发出的辐射通量，如图 1.8 所示。其单位是 W/sr（瓦/球面度）。

点辐射源在整个空间发出的辐射通量，是辐射强度对整个空间立体角的积分，即

$$\Phi = \int_{\Omega} I\mathrm{d}\Omega \qquad (1.10)$$

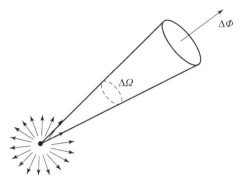

图 1.8　辐射强度的定义

对于各向同性的辐射源，I 是常数，由上式得 $\Phi = 4\pi I$。

2. 辐射出射度 M

辐射出射度简称辐出度，是描述扩展源辐射特性的量。辐射源单位表面积向半球空间（2π 立体角）内发射的辐射功率称为辐射出射度，用 M 表示。

如图 1.9 所示，若面积为 A 的扩展源上围绕 x 点的一个小面元 ΔA，向半球空间内发射的辐射功率为 $\Delta\Phi$，则 $\Delta\Phi$ 与 ΔA 之比的极限就是该扩展源在 x 点的辐射出射度，即

$$M = \lim_{\Delta A \to 0} \left(\frac{\Delta\Phi}{\Delta A} \right) = \frac{\partial\Phi}{\partial A} \tag{1.11}$$

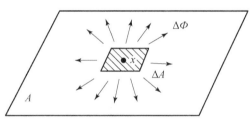

图 1.9　辐射出射度的定义

辐射出射度是扩展源所发射的辐射功率在源表面分布特性的描述。或者说，它是辐射功率在某一点附近的面密度的度量。按定义，辐射出射度的单位是 W/m^2。

对于发射不均匀的辐射源表面，表面上各点附近将有不同的辐射出射度。一般来讲，辐射出射度 M 是源表面在位置 x 的函数。辐射出射度 M 对源发射表面积 A 的积分，就是该辐射源发射的总辐射功率，即

$$\Phi = \int_A M\mathrm{d}A \tag{1.12}$$

如果辐射源表面的辐射出射度 M 为常数，则它所发射的辐射功率为 $\Phi = MA$。

3. 辐射亮度 L

辐射亮度简称辐亮度，是描述扩展源辐射特性的量。由前面定义可知，辐射强度 I 可以描述点源在空间不同方向上的辐射功率分布，而辐射出射度 M 可以描述扩展源在源表面不同位置上的辐射功率分布。为了描述扩展源所发射的辐射功率在源表面不同位置上沿空间不同方向的分布特性，特别引入辐射亮度的概念。其描述如下：辐射源在某一方向上的辐射亮度是指在该方向上的单位投影面积向单位立体角内发射的辐射功率，用 L 表示。

如图 1.10 所示，若在扩展源表面上某点 x 附近取一小面元 ΔA，该面积向半球空间发射的辐射功率为 $\Delta\Phi$。如果进一步考虑，在与面元 ΔA 的法线夹角为 θ 的方向上取一个小立体角元 $\Delta\Omega$，那么，从面元 ΔA 向立体角元 $\Delta\Omega$ 内发射的辐射通量是二级小量 $\Delta(\Delta\Phi) = \Delta^2\Phi$。由于从 ΔA 向 θ 方向发射的辐射（也就是在 θ 方向观察到来自 ΔA 的辐射），在 θ 方向上看到的面元 ΔA 的有效面积（即投影面积）是 $\Delta A_\theta = \Delta A\cos\theta$，所以，在 θ 方向的立体角元 $\Delta\Omega$ 内发出的辐射，就等效于从辐射源的投影面积 ΔA_θ 上发出的辐射。因此，在 θ 方向观测到的辐射源表面上位置 x 处的辐射亮度，就是 $\Delta^2\Phi$ 比 ΔA_θ 与 $\Delta\Omega$ 之积的极限值，即

$$L = \lim_{\substack{\Delta A \to 0 \\ \Delta\Omega \to 0}} \left(\frac{\Delta^2\Phi}{\Delta A_\theta \Delta\Omega} \right) = \frac{\partial^2\Phi}{\partial A_\theta \, \partial\Omega} = \frac{\partial^2\Phi}{\partial A \partial\Omega \cos\theta} \tag{1.13}$$

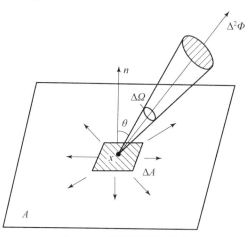

图 1.10　辐射亮度的定义

这个定义表明：辐射亮度是扩展源辐射功率在空间分布特性的描述。辐射亮度的单位是 $W/(m^2 \cdot sr)$。

一般来说，辐射亮度的大小应该与源面上的位置 x 及方向 θ 有关。

既然辐射亮度 L 和辐射出射度 M 都是表征辐射功率在表面上的分布特性，而 M 是单位面积向半球空间发射的辐射功率，L 是单位表观面积向特定方向上的单位立体角发射的辐射功率，所以我们可以推出两者之间的相互关系。

由式（1.13）可知，源面上的小面元 dA，在 θ 方向上的小立体角元 $d\Omega$ 内发射的辐射功率为 $d^2\Phi = L\cos\theta d\Omega dA$，所以，$dA$ 向半球空间发射的辐射功率可以通过对立体角积分得到，即

$$d\Phi = \int_{半球空间} d^2\Phi = \int_{2\pi 半球空间} L\cos\theta d\Omega dA$$

根据 M 的定义式（1.11），可得到 L 与 M 的关系式为

$$M = \frac{d\Phi}{dA} = \int_{2\pi 半球表面} L\cos\theta d\Omega \tag{1.14}$$

在实际测量辐射亮度时，总是用遮光板或光学装置将测量限制在扩展源的一小块面元 ΔA 上。在这种情况下，由于小面元 ΔA 比较小，就可以确定处于某一 θ 方向上的探测器表面对 ΔA 中心所张的立体角元 Ω。此时，用测得的辐射功率 $\Delta(\Delta\Phi(\theta))$ 除以被测小面元 ΔA 在该方向上的投影面积 $\Delta A\cos\theta$ 和探测器表面对 ΔA 中心所张的立体角元 $\Delta\Omega$，便可得到辐射

亮度 L。从理论上讲，将在立体角元 $\Delta\Omega$ 内所测得的辐射功率 $\Delta(\Delta\Phi)$，除以立体角元 $\Delta\Omega$，就是辐射强度 I。

在定义辐射强度时特别强调，辐射强度是描述点源辐射空间角分布特性的物理量。同时指出，只有当辐射源面积（严格讲，应该是空间尺度）比较小时，才可将其看成是点源。此时，将这类辐射源称为小面源或微面源。可以说，小面源是具有一定尺度的"点源"，它是联系理想点源和实际面源的一个重要概念。对于小面源而言，它既有点源特性的辐射强度，又有面源的辐射亮度。

对于上述所测量的小面元 ΔA，有

$$L = \frac{\partial}{\partial A\cos\theta}\left(\frac{\partial\Phi}{\partial\Omega}\right) = \frac{\partial I}{\partial A\cos\theta} \tag{1.15}$$

和

$$I = \int_{\Delta A} L\,\mathrm{d}A\cos\theta \tag{1.16}$$

如果小面源的辐射亮度 L 不随位置变化（由于小面源 ΔA 面积较小，通常可以不考虑 L 随 ΔA 上位置的变化），则小面源的辐射强度为

$$I = L\Delta A\cos\theta \tag{1.17}$$

即小面源在空间某一方向上的辐射强度等于该面源的辐射亮度乘以小面源在该方向上的投影面积（或表观面积）。

4. 辐射照度 E

以上讨论的各辐射量都是用来描述辐射源特性的量。对一个受照表面接收辐射的分布情况，就不能用上述各辐射量来描述了。为了描述一个物体表面被辐照的程度，在辐射度学中，引入辐射照度的概念。

被照表面的单位体积上接收到的辐射功率称为该被照射处的辐射照度。辐射照度简称为辐照度，用 E 表示。

如图 1.11 所示，若在被照表面上围绕 x 点取小面元 ΔA，投射到 ΔA 上的辐射功率为 $\Delta\Phi$，则表面上 x 点处的辐射照度为

$$E = \lim_{\Delta A\to 0}\left(\frac{\Delta\Phi}{\Delta A}\right) = \frac{\partial\Phi}{\partial A} \tag{1.18}$$

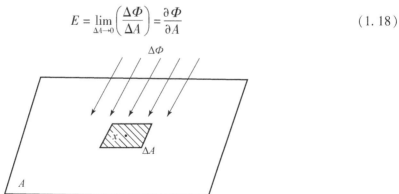

图 1.11　辐射照度的定义

辐射照度的数值是投射到表面上每单位面积的辐射功率，辐射照度的单位是 $\mathrm{W/m^2}$。

一般来说，辐射照度与 x 点在被照面上的位置有关，而且与辐射源的特性及相对位置有关。

辐射照度和辐射出射度具有同样的单位，它们的定义式相似，但应注意它们的差别。辐射出射度描述辐射源的特性，它包括了辐射源向整个半球空间发射的辐射功率；辐射照度描述被照表面的特性，它可以是由一个或数个辐射源投射的辐射功率，也可以是来自指定方向的一个立体角中投射来的辐射功率。

1.3 光谱辐射量与光子辐射量

前面叙述的几个辐射量只考虑了辐射源的辐射空间分布特征，如辐射源的面辐射功率密度和空间的角度分布特征等，并没有考虑辐射源辐射的功率或辐射能在光谱波长范围上的分布特征。任何电磁辐射都是有波长特征的，因此，波长分布也应该是描述辐射量的一个参数。而且在红外物理和红外技术中也往往需要考虑这些辐射量的光谱特性。所以对某一特定波长的单色辐射或某一波段的辐射做出相应定义是非常必要的。

1.3.1 光谱辐射量

实际上，我们上述考虑的辐射量，在没有具体说明波长特性时，认为这些辐射是包含所有波长的全光谱辐射，即波长 λ 从 $0 \sim \infty$，因此把它们叫作全辐射量。

辐射源的辐射往往是由许多单色辐射组成的，很多场合我们只关心辐射源在某一特定波长附近的光谱辐射特性。

光谱辐射功率：辐射源在 $\lambda + \Delta\lambda$ 波长间隔内发出的辐射功率，称为在波长 λ 处的光谱辐射功率（或单色辐射功率）Φ_λ，单位是 W/m（瓦/米）。其定义式为

$$\Phi_\lambda = \lim_{\Delta\lambda \to 0} \frac{\Delta\Phi}{\Delta\lambda} = \frac{\partial\Phi}{\partial\lambda} \tag{1.19}$$

严格地讲，单色辐射通量和光谱辐射通量不同，其区别在于"单色辐射通量"比"光谱辐射通量"的波长范围更小一些。注意光谱辐射通量的单位是 W/m，不是辐射通量的单位 W，而是辐射通量与波长的比值，描述的是某一波长或波段的光谱辐射特性。它表征在指定波长 λ 处单位波长间隔内的辐射功率。

从光谱辐射功率的定义式可得，在波长 λ 处的小波长间隔 $d\lambda$ 内的辐射功率为

$$d\Phi = \Phi_\lambda d\lambda \tag{1.20}$$

只要 $d\lambda$ 足够小，此式中的 $d\Phi$ 就可以称为波长为 λ 的单色辐射功率。将式（1.20）从 λ_1 到 λ_2 积分，即可得到在光谱带 $\lambda_1 \sim \lambda_2$ 之间的辐射功率

$$\Phi_{\Delta\lambda} = \int_{\lambda_1}^{\lambda_2} \Phi_\lambda d\lambda \tag{1.21}$$

如果 $\lambda_1 = 0$，$\lambda_2 = \infty$，就得到全辐射功率，即

$$\Phi = \int_0^\infty \Phi_\lambda d\lambda \tag{1.22}$$

与光谱辐射功率的定义相类似，其他光谱辐射量的定义如下：
光谱辐射强度为

$$I_\lambda = \lim_{\Delta\lambda \to 0} \left(\frac{\Delta I}{\Delta\lambda}\right) = \frac{\partial I}{\partial\lambda} \tag{1.23}$$

光谱辐射出射度为

$$M_\lambda = \lim_{\Delta\lambda \to 0}\left(\frac{\Delta M}{\Delta \lambda}\right) = \frac{\partial M}{\partial \lambda} \tag{1.24}$$

光谱辐射亮度为

$$L_\lambda = \lim_{\Delta\lambda \to 0}\left(\frac{\Delta L}{\Delta \lambda}\right) = \frac{\partial L}{\partial \lambda} \tag{1.25}$$

光谱辐射照度为

$$E_\lambda = \lim_{\Delta\lambda \to 0}\left(\frac{\Delta E}{\Delta \lambda}\right) = \frac{\partial E}{\partial \lambda} \tag{1.26}$$

只要以各光谱辐射量取代式（1.20）中的 Φ，就能得到相应的单色辐射量；利用式（1.21）做类似的代换，就能得到相应的波段辐射量；利用式（1.22）做类似的代换，就能得到相应的全辐射量。今后凡遇到"光谱……"的字样，就表示是与波长有关的参数，有时称"单色……"。

1.3.2　光子辐射量

光谱辐射量是描述辐射源在某波长处单位波长间隔内的辐射特性，是 λ 的函数。光子辐射量是利用辐射源在单位时间间隔内传输（发送或接收）的光子数来描述辐射特性的物理量。引入光子辐射量的目的是研究某些问题时比较方便。例如，常用的光电探测器按探测机理分类，可分为光子探测器和热探测器两大类，其中的光子探测器，对于入射辐射的响应，往往不是考虑它入射辐射的功率，而是考虑它每秒钟接收到的光子数目。因此，描述这类探测器的性能和与其有关的辐射量时，通常采用每秒接收（或发射、传输）的光子数代替辐射功率来定义各辐射量。

光子数：光子数是指由辐射源发出的光子数量，用 N_P 表示，是无量纲量。
我们可以从光谱辐射能 Q_λ 推导出光子数的表达式为

$$\mathrm{d}N_P = \frac{Q_v}{h\nu}\mathrm{d}\nu \tag{1.27}$$

$$N_P = \int \mathrm{d}N_P = \frac{1}{h}\int \frac{Q_v}{\nu}\mathrm{d}\nu \tag{1.28}$$

式中，ν 为频率；h 为普朗克常数。

光子通量 Φ_P 是指单位时间内发送、传输或接收的光子数，单位为 $1/\mathrm{s}(1/秒)$。

$$\Phi_P = \frac{\partial N_P}{\partial t}$$

因为辐射量都是由通量定义的，于是产生了用光子通量表示的光子辐射量。

1. 光子辐射强度

光子辐射强度是光源在给定方向上的单位立体角内所发射的光子通量，用 I_P 表示，即

$$I_P = \frac{\partial \Phi_P}{\partial \Omega} \tag{1.29}$$

I_P 的单位是 $1/(\mathrm{s} \cdot \mathrm{sr})$。

2. 光子辐射亮度

辐射源在给定方向上的光子辐射亮度是指在该方向上的单位投影面积向单位立体角中发

射的光子通量，用 L_P 表示。

在辐射源表面或辐射路径的某一点上，离开、到达或通过该点附近面元并在给定方向上的立体角元传播的光子通量除以该立体角元和面元在该方向上的投影面积的商为光子辐射亮度，即

$$L_P = \frac{\partial^2 \Phi_P}{\partial \Omega \, \partial A \cos \theta} \tag{1.30}$$

L_P 的单位是 $1/(\mathrm{s} \cdot \mathrm{m}^2 \cdot \mathrm{sr})$。

3. 光子辐射出射度

辐射源单位表面积向半球空间 2π 内发射的光子通量，称为光子辐射出射度，用 M_P 表示，即

$$M_P = \frac{\partial \Phi_P}{\partial A} = \int_{2\pi} L_P \cos \theta \mathrm{d}\Omega \tag{1.31}$$

M_P 的单位是 $1/(\mathrm{s} \cdot \mathrm{m}^2)$。

4. 光子辐射照度

光子辐射照度是指被照表面上某一点附近，单位面积上接收到的光子通量，用 E_P 表示，即

$$E_P = \frac{\partial \Phi_P}{\partial A} \tag{1.32}$$

E_P 的单位是 $1/(\mathrm{s} \cdot \mathrm{m}^2)$。

另外，与光子辐射照度相关的还有一个物理量是光子曝光量，指表面上一点附近单位面积上接收到的光子数，用 H_P 表示，即

$$H_P = \frac{\partial N_P}{\partial A} = \int E_P \mathrm{d}t$$

因此，光子曝光量也可以表述为光子照度与照射时间的乘积。

1.4 光度量

以上所讲的辐射量是客观存在的物理现象，不论人们是否看到。那么，众所周知在可见光范围内有很多规律和定义、单位等，与上述理论有何关系呢？这就是光度量的内容。

光度量是辐射量对人眼视觉的刺激值，是具有"标准人眼"视觉响应特性的人眼对所接收到的辐射量的度量。这样，光度学除了包括辐射能客观物理量的度量外，还应考虑人眼视觉机理的生理和感觉印象等心理因素。评定辐射能对人眼引起视觉刺激值的基础是辐射的光谱光视效能 $K(\lambda)$，即人眼对不同波长的光产生光感觉的效率。有了 $K(\lambda)$ 就可定义光通量等一些光度量了。

1.4.1 光谱光视效能和光谱光视效率

光视效能 K 定义为光通量 Φ_v 与辐射通量 Φ_e 之比，即

$$K = \frac{\Phi_v}{\Phi_e} \tag{1.33}$$

即人眼对不同波长的辐射产生光感觉的效率。由于人眼对不同波长的光的视觉响应不同，因此，即使辐射通量 Φ_e 不变，光通量 Φ_v 也随着波长不同而变化。所以，K 是个比例，但不是常数，K 是随波长变化的。于是人们又定义了光谱光视效能。

$$K(\lambda) = \frac{\Phi_{v\lambda}}{\Phi_{e\lambda}} \tag{1.34}$$

式中，$\Phi_{v\lambda}$ 为在波长 λ 处的光通量；$\Phi_{e\lambda}$ 为在波长 λ 处的辐射通量。

实验表明：光谱光视效能的最大值 K_m 在波长 555 nm 处，一些国家的实验室测得平均光谱光视效能的最大值为 $K_m = 683$ lm/W，即同样的辐射能量在该波长上引起的光辐射量最大（或效率最高、或对人眼的刺激最大）。那么，如何表达人眼对辐射的感觉程度呢？引出光视效率的概念

$$V = \frac{K}{K_m} \tag{1.35}$$

其物理意义是以光视效能最大处的波长为基准来衡量其他波长处引起的视觉响应。在相同的辐射能量下，人们感知到的光亮度不同，即随着光谱的变化（即波长 λ 不同），V 值也在变化，如图 1.12 所示，因此定义了光谱光视效率（视在函数），即

$$V(\lambda) = \frac{K(\lambda)}{K_m} \tag{1.36}$$

光视效率与光谱光视效率的关系为

$$V = \int V(\lambda) \, d\lambda = \frac{1}{K_m} \cdot \frac{\int \Phi_{v\lambda} \, d\lambda}{\int \Phi_{e\lambda} \, d\lambda} = \frac{\int V(\lambda) \Phi_{e\lambda} \, d\lambda}{\int \Phi_{e\lambda} \, d\lambda} \tag{1.37}$$

人眼视网膜上分布有很多感光细胞，它们吸收入射光后产生视觉信号。当光强变化时，视觉的恢复需要一定的时间。例如，从亮环境进入暗环境要达到完全适应大约需要 30 min。因此，将亮适应的视觉称为明视觉（或亮视觉及白昼视觉），将暗适应的视觉称为暗视觉（或微光视觉）。明视觉一般指人眼已适应在亮度为几个尼特（nt，光亮度单位）以上的环境；暗适应一般指眼睛已适应在亮度为百分之几尼特以下的很低的亮度水平，如果亮度处于明视觉和暗视觉所对应的亮度水平之间，则称为介视觉。通常明视觉和暗视觉的光谱光视效率分别用 $V(\lambda)$ 和 $V'(\lambda)$ 表示，如图 1.12 所示。

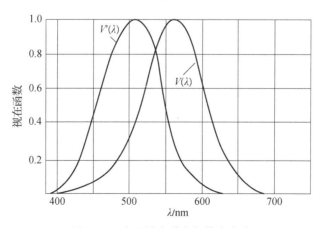

图 1.12　人眼的光谱光视效率曲线

不同人的视觉特性是有差别的。1924 年国际照明委员会（CIE）根据几组科学家对 200 多名观察者测定的结果，推荐了一个标准的明视觉函数，从 400 ~ 750 nm 每隔 10 nm 用表格的形式给出，若将其画成曲线，则结果如图 1.12 所示，是一条有一中心波长，两边大致对称的光滑的钟形曲线。这个视觉函数所代表的观察者称为 CIE 标准观察者。

图 1.12 给出了 $V'(\lambda)$ 的函数曲线。这是 1951 年由国际照明委员会公布的暗视觉函数的标准值，并经内插而得到的，峰值波长为 507 nm。

有了 $V(\lambda)$ 和 $V'(\lambda)$，便可借助下面关系式，通过光谱辐射量的测定来计算光度量或光谱光度量。这些关系式为

$$X_{v\lambda} = K_m V(\lambda) X_{e\lambda} \tag{1.38}$$

$$X_v = \int X_{v\lambda} d\lambda = K_m \int V(\lambda) X_{e\lambda} d\lambda \tag{1.39}$$

式中，X_v 为光度量；$X_{v\lambda}$ 为光谱光度量；$X_{e\lambda}$ 为光谱辐射量。

1.4.2　光通量

如前所述，光通量表示用"标准人眼"来评价的光辐射通量，由式（1.37）可知，光通量的表达式，对于明视觉为

$$\Phi_v = K_m \int_{380\,nm}^{780\,nm} V(\lambda) \Phi_{e\lambda} d\lambda \tag{1.40}$$

对于暗视觉为

$$\Phi'_v = K'_m \int_{380\,nm}^{780\,nm} V'(\lambda) \Phi_{e\lambda} d\lambda \tag{1.41}$$

在标准明视觉函数 $V(\lambda)$ 的峰值波长 555 nm 处的光谱光效能 K_m 值，是一个重要的常数。这个值经过各国的测定和理论计算，确定为 683 lm/W，并且指出这个值是 555 nm 的单色光的光效率，即每瓦光功率发出 683 lm 的可见光。

对于明视觉，由于峰值波长在 555 nm 处，因此它自然就是最大光谱光效能值，即

$$K_m = 683 \text{ lm/W}$$

但对于暗视觉，$\lambda = 555$ nm，所对应的 $V'(555) = 0.402$，而峰值波长是 507 nm，即 $V'(507) = 1.000$，所以暗视觉的最大光谱光效率为

$$K'_m = 683 \times \frac{1.000}{0.402} = 1\ 699\ (\text{lm/W})$$

国际计量委员会将其标准化为

$$K'_m = 1\ 700\ \text{lm/W}$$

由式（1.40）和式（1.41）可知，从辐射通量变换到光通量一般没有简单的关系，这是因为光谱光视效率 $V(\lambda)$ 没有简单的函数关系，因而，积分值只能用图解法或离散数值法计算。例如，对线光谱，其光通量为

$$\Phi_v = \sum_{\lambda_i = 380\,nm}^{780\,nm} 683 V(\lambda_i) \Phi_{e\lambda}(\lambda_i) \Delta\lambda \tag{1.42}$$

由于在可见光谱范围之外，$V(\lambda)$ 和 $V'(\lambda)$ 的值为零，因此，在此范围内不管光辐射功率有多大，对光通量的贡献均为零，即"看不见"。

这里，光通量是以一个特殊的单位——流明（lm）来表示的。光通量的大小是反映某

一光源所发出的光辐射引起人眼的光亮感觉的能力的大小。

1 W 的辐射通量相当的流明数随波长的不同而异。在红外区和紫外区，与 1 W 相当的流明数为零。而在 $\lambda = 555$ nm 处，光谱光视效能最大，即 $K_m = 683$ lm/W，并规定 $V(555) = 1$，则 1 W 相当于 683 lm。对于其他波长，1 W 的辐射通量相当于 $683 V(\lambda)$ lm。例如，对于 650 nm 的红光而言，$V(\lambda) = 0.107\ 0$，所以 1 W 的辐射通量就相当于 $0.107\ 0 \times 683 = 73.08$ lm。相反，对于 $\lambda = 555$ nm 时，由于 $V(555) = 1$，要得到 1 lm 的光通量，需要的辐射通量的值最小，为 1/683 W，即为 1.46×10^{-3} W。一般来说，不能从光通量直接变到辐射通量，除非光通量的光谱分布已知，且所研究的全部波长在光谱的可见区。

1.4.3　发光强度

点光源在包含给定方向上的单位立体角内所发出的光通量，称为该点光源在该给定方向上的发光强度，用 I_v 表示，即

$$I_v = \frac{\partial \Phi_v}{\partial \Omega} \tag{1.43}$$

发光强度在数值上等于在单位立体角内所发出的光通量。因此，在 MKS 单位制中，它的单位是 lm/sr。但是，在国际单位制（SI）中，发光强度单位是基本单位之一，单位名称为坎德拉，简写成"坎"，是 Candela 的译音，简写成 cd。

1.4.4　光出射度

因扩展源有一定面积，不同于点光源，不能向下或向内辐射，所以扩展源单位面积向 2π 空间发出的全部光通量称为光出射度，用 M_v 表示，即

$$M_v = \frac{\partial \Phi_v}{\partial A} \tag{1.44}$$

式中，A 为扩展源面积，光出射度的单位是 lm/m^2（每平方米流明）。

1.4.5　光亮度

光源在给定方向上的光亮度 L_v 是指在该方向上的单位投影面积向单位立体角内所发出的光通量。在与面元 dA 法线成 θ 角的方向上，如果面元 dA 在该方向上的立体角元 $d\Omega$ 内发出的光通量为 $d^2\Phi_v$，则其光亮度为

$$L_v = \frac{\partial^2 \Phi_v}{\partial \Omega\, \partial A \cos\theta} \tag{1.45}$$

注意到发光强度的定义，光亮度又可表示为

$$L_v = \frac{\partial I_v}{\partial A \cos\theta} \tag{1.46}$$

即在给定方向上的光亮度也就是该方向上单位投影面积上的发光强度。光亮度称为亮度。

在国际单位制中，光亮度的单位是坎德拉每平方米（cd/m^2）。过去，人们曾采用过不同的光亮度单位，这些单位之间的换算关系如表 1.2 所示。

表 1.2 光亮度单位换算表

光亮度单位、名称和符号	尼特(Nit)	熙提(Stilb)	阿熙提(Apostilb)	朗伯(Lambert)	毫朗伯(M-lambert)	英尺朗伯(Feetlambert)	烛光/英尺²(Candle/feet²)	烛光/英寸²(Candle/inch²)
	nt	sb	asb	L	mL	fL	cd/ft²	cd/in²
$1\ nt(cd/m^2$ 或 $lm/(sr \cdot m^2))$	1	10^{-1}	3.141 6	3.142×10^{-4}	3.142×10^{-1}	2.919×10^{-1}	9.290×10^{-2}	6.450×10^{-4}
$1\ sb$ (cd/cm^2)	10^4	1	3.142×10^4	3.141 6	3.142×10^3	2.919×10^3	9.290×10^2	6.450
$1\ asb$ $(\frac{1}{\pi}cd/cm^2)$	3.183×10^{-1}	3.183×10^{-5}	1	10^{-4}	10^{-1}	9.920×10^{-2}	2.957×10^{-2}	2.050×10^{-4}
$1\ L$ $(\frac{1}{\pi}cd/cm^2)$	3.183×10^3	3.183×10^{-1}	10^4	1	10^3	9.920×10^2	2.957×10^2	2.050
$1\ mL$	3.183	3.183×10^{-4}	10	10^{-3}	10^{-4}	9.290×10^{-1}	2.957×10^{-1}	2.050×10^{-3}
$1\ fL$ $(\frac{1}{\pi}cd/ft^2)$	3.426	3.426×10^{-4}	1.076×10	1.076×10^{-3}	1.076	1	3.183×10^{-1}	2.210×10^{-3}
cd/ft^2	1.076×10	1.076×10^{-3}	3.382×10	3.382×10^{-3}	3.382	3.141 6	1	6.940×10^{-3}
cd/in^2	1.550×10^3	1.550×10^{-1}	4.870×10^3	4.870×10^{-1}	4.870×10^2	4.520×10^2	1.440×10^2	1

1.4.6 光照度

被照表面的单位面积上接收到的光通量称为该被照表面的光照度，用 E_v 表示，有

$$E_v = \frac{\partial \Phi_v}{\partial A} \tag{1.47}$$

光照度的 SI 单位是勒克斯（lx）。光照度还有以下单位：在 SI 和 MKS 制中是勒克斯（1 lx = 1 lm/m²），在 CGS 制中是辐透（1 ph = 1 lm/cm²），在英制中是英尺烛光（1 fc = 1 lm/ft²）。光照度也简称为照度。常用的光照度单位之间的换算关系如表 1.3 所示。

表 1.3 光照度单位换算表

光照度单位	英尺烛光（fcd）	勒克斯（lx）	辐透（ph）	毫辐透（mph）	流明/单位面积
1 英尺烛光（fcd）	1	1.076×10	1.080×10^{-3}	1.076	$1\ lm/ft^2$
1 勒克斯（lx）	9.290×10^{-2}	1	10^{-4}	10^{-1}	$1\ lm/m^2$
1 辐透（ph）	9.290×10^2	10^4	1	10^3	$1\ lm/cm^2$
1 毫辐透（mph）	9.290×10^{-1}	10	10^{-3}	1	$10^3\ lm/cm^2$

为了对照度的大小有一个基本的概念，如表 1.4 所示列出了常见物体的照度供参考。

表 1.4　常见物体的照度　　　　　　　　　　　　　　　　　　　lx

夜空在地面产生的照度	3×10^{-4}
满月在天顶时产生的照度	0.2
辨认方向所需的照度	1
晴朗夏天室内的照度	100～500
太阳直射的照度	10 000

至此我们介绍了光度学和辐射度学中的基本物理量，这些物理量的表达式归纳如表 1.5 所示。

实际上辐射量的表示方法还不止以上几组，还有用波数、频率等表示的，方便不同用途时选用合适的表示方法。

表 1.5　光度学和辐射度学中的基本物理量一览表

项目	辐射量	光谱辐射量	光子辐射量	光度量
通量	$\mathrm{d}\Phi = \dfrac{\mathrm{d}Q}{\mathrm{d}t}$	$\Phi_\lambda = \dfrac{\partial \Phi}{\partial \lambda}$	$\Phi_\mathrm{P} = \dfrac{\partial N_\mathrm{P}}{\partial t}$	$\Phi_\mathrm{v} = K_\mathrm{m} \displaystyle\int_{380\,\mathrm{nm}}^{780\,\mathrm{nm}} V(\lambda)\Phi_{\mathrm{e}\lambda}\mathrm{d}\lambda$
强度	$I = \dfrac{\partial \Phi}{\partial \Omega}$	$I_\lambda = \dfrac{\partial I}{\partial \lambda}$	$I_\mathrm{P} = \dfrac{\partial \Phi_\mathrm{P}}{\partial \Omega}$	$I_\mathrm{v} = \dfrac{\partial \Phi_\mathrm{v}}{\partial \Omega}$
亮度	$L = \dfrac{\partial^2 \Phi}{\partial A \partial \Omega \cos\theta}$	$L_\lambda = \dfrac{\partial L}{\partial \lambda}$	$L_\mathrm{P} = \dfrac{\partial^2 \Phi_\mathrm{P}}{\partial \Omega \partial A \cos\theta}$	$L_\mathrm{v} = \dfrac{\partial^2 \Phi_\mathrm{v}}{\partial A \partial \Omega \cos\theta}$
出射度	$M = \dfrac{\partial \Phi}{\partial A}$	$M_\lambda = \dfrac{\partial M}{\partial \lambda}$	$M_\mathrm{P} = \dfrac{\partial \Phi_\mathrm{P}}{\partial A}$	$M_\mathrm{v} = \dfrac{\partial \Phi_\mathrm{v}}{\partial A}$
照度	$E = \dfrac{\partial \Phi}{\partial A}$	$E_\lambda = \dfrac{\partial E}{\partial \lambda}$	$E_\mathrm{P} = \dfrac{\partial \Phi_\mathrm{P}}{\partial A}$	$E_\mathrm{v} = \dfrac{\partial \Phi_\mathrm{v}}{\partial A}$

1.5　朗伯余弦定律和漫辐射源的辐射特性

漫辐射源

1.5.1　漫辐射源及朗伯余弦定律

辐射亮度 L 与方向无关的辐射称为漫辐射，这种辐射源称为漫辐射源，例如太阳和荧光屏等。一般来说，除激光辐射源的辐射有较强的方向性外，红外辐射源大都不是定向发射辐射的，而且，它们所发射的辐射通量在空间的角分布并不均匀，往往有很复杂的角分布，这样，辐射量的计算通常就很麻烦了。例如，若不知道辐射亮度 L 与方向角 θ 的明显函数关系，则利用式（1.14）由 L 计算辐射出射度 M 是很复杂的。

对于一个磨得很光或镀得很好的反射镜，当有一束光入射到它上面时，反射的光线具有很好的方向性，只有恰好逆着反射光线的方向观察时，才感到十分耀眼，这种反射称为镜面反射。然而，对于一个表面粗糙的反射体（如毛玻璃），其反射的光线没有方向性，在各个方向观察时，感到没有什么差别，这种反射称为漫反射。对于理想的漫反射体，所辐射的辐射功率的空间分布由下式描述

$$\Delta^2 \Phi = B \cos\theta \cdot \Delta A \cdot \Delta\Omega \tag{1.48}$$

式中　B——常数；

　　　θ——辐射法线与观察方向的夹角；

　　　ΔA——辐射源面积；

　　　$\Delta\Omega$——辐射立体角。

这个辐射特性用语言描述即："理想漫辐射源单位表面积向空间指定方向单位立体角内发射（或反射）的辐射功率和该指定方向与表面法线夹角的余弦成正比。"这就是朗伯余弦定律。具有这种特性的发射体（或反射体）称为余弦发射体（或余弦反射体）。

虽然朗伯余弦定律是一个理想化的概念，但是实际遇到的许多辐射源，在一定的范围内都十分接近于朗伯余弦定律的辐射规律。例如，第 2 章将讨论的黑体辐射，就精确地遵守朗伯余弦定律。大多数绝缘体材料表面，在相对于表面法线方向的观察角不超过 60° 时都遵守朗伯余弦定律。导电材料表面虽然有较大的差异，但在工程计算中，在相对于表面法线方向的观察角不超过 50° 时，也还能运用朗伯余弦定律。

由辐射亮度的定义知：

$$L = \frac{\Delta^2 \Phi}{\Delta A \cdot \Delta\Omega \cdot \cos\theta}$$

法向亮度

$$L = \frac{I_0}{\Delta A \cdot \cos\theta} = \frac{I_0}{\Delta A}$$

θ 方向亮度

$$L_\theta = \frac{I_\theta}{\Delta A \cdot \cos\theta}$$

因为漫辐射源各方向亮度相等，即 $L = L_\theta$，（上两式相等），则

$$I_\theta = I_0 \cos\theta \tag{1.49}$$

该式是朗伯余弦定律的另一种形式，叙述为"各个方向上辐射亮度相等的发射表面，其辐射强度按余弦规律变化"。

1.5.2　漫辐射源的辐射特性

1. 各方向亮度相同但辐射强度不同

如图 1.13 所示，设面积 ΔA 很小的朗伯辐射源的辐射亮度为 L，该辐射源向空间某一方向与法线成 θ 角，$\Delta\Omega$ 立体角内辐射的功率为

$$\Delta\Phi = L\Delta A\Delta\Omega\cos\theta \tag{1.50}$$

由于该辐射源面积很小，可以看成是小面源，可用辐射强度度量其辐射空间特性。因为该辐射源的辐射亮度在各个方向上相等，则与法线成 θ 角方向上的辐射强度 I_θ 为

$$I_\theta = \frac{\Delta\Phi}{\Delta\Omega} = L\Delta A\cos\theta = I_0 \cos\theta \tag{1.51}$$

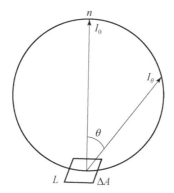

图 1.13　朗伯辐射源的特征

式中，$I_0 = L\Delta A$ 为其法线方向上的辐射强度。

上式表明，各个方向上辐射亮度相等的小面源，在某一方向上的辐射强度等于这个面垂直方向上的辐射强度乘以方向角的余弦，这就是朗伯余弦定律的最初形式。

式（1.51）可以描绘出小朗伯辐射源的辐射强度分布曲线，如图 1.13 所示，它是一个与发射面相切的整圆形。在实际应用中，为了确定一个辐射面或漫反射面接近理想朗伯面的程度，通常可以测量其辐射强度分布曲线。如果辐射强度分布曲线很接近图 1.13 所示的形状，我们就可以认为它是一个朗伯面。

2. 漫辐射源各辐射量之间的关系

L 与 M 关系的普遍表示式由式（1.14）给出。在一般情况下，如果不知道 L 与方向角 θ 的明显函数关系，就无法由 L 计算出 M。但是，对于朗伯辐射源而言，L 与 θ 无关，于是式（1.14）可写为

$$M = L\int_{2\pi球面度} \cos\theta \mathrm{d}\Omega \tag{1.52}$$

因为球坐标的立体角元 $\mathrm{d}\Omega = \sin\theta\mathrm{d}\theta\mathrm{d}\phi$，所以有

$$M = L\int \cos\theta\mathrm{d}\Omega = L\int_0^{2\pi}\mathrm{d}\phi\int_0^{\pi/2}\cos\theta\sin\theta\mathrm{d}\theta = \pi L \tag{1.53}$$

利用这个关系，可使辐射量的计算大为简化。

3. 朗伯小面源的 I、L、M 的相互关系

对于朗伯小面源，由于 L 值为常数，利用小面源的辐射强度公式 $I = L\Delta A\cos\theta$ 有

$$I = L\Delta A\cos\theta \tag{1.54}$$

利用 $M = \pi L$，则有如下关系

$$I = L\Delta A\cos\theta = \frac{M}{\pi}\Delta A\cos\theta \tag{1.55}$$

或

$$L = \frac{M}{\pi} = \frac{I}{\Delta A\cos\theta} \tag{1.56}$$

$$M = \pi L = \frac{\pi I}{\Delta A\cos\theta} \tag{1.57}$$

对于朗伯小面源，可利用这些关系式简化运算。

1.6 辐射量的基本规律及计算

前面章节给出了几个基本辐射量，本节介绍它们的一些规律和实际应用中的计算。

1.6.1 距离平方反比定律

距离平方反比定律是描述点辐射源的辐射强度与其产生的照度 E 之间的关系的规律。

设点辐射源的辐射强度为 I，源到被照表面 P 点的距离为 d（P 点为小面元 $\mathrm{d}A$），小面元 $\mathrm{d}A$ 的法线与到辐射源之间的夹角为 θ，如图 1.14 所示，则点辐射源在 P 点产生的照度为

$$E = \frac{\mathrm{d}\Phi}{\mathrm{d}A} = I\frac{\mathrm{d}A\cos\theta}{d^2\,\mathrm{d}A} = \frac{I}{d^2}\cos\theta \tag{1.58}$$

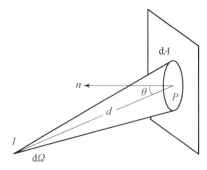

距离平方
反比定律

距离平方
反比定律
举例计算

图 1.14 点辐射源产生的辐射照度

若 $\theta = 0°$（垂直照射），则

$$E = \frac{I}{d^2} \tag{1.59}$$

这就是距离平方反比定律，是描述点辐射源在某点产生的照度的规律。描述为：点辐射源在距离 d 处所产生的照度，与辐射源的辐射强度 I 成正比，与距离的平方成反比。

但必须注意，被照的平面一定要垂直于辐射投射的方向，如果有一定的角度，则照度仍用式（1.58）描述，即必须乘以平面法线与射线之间的夹角的余弦，所以又称之为照度的余弦法则，如图 1.15 所示。

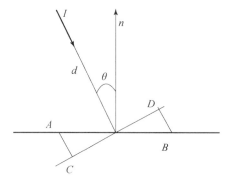

图 1.15 非垂直辐射示意图

从图 1.15 中可见，$CD = AB \cdot \cos\theta$，即垂直照射时落在 CD 上的光通量被分散开来落到较大的面积 AB 上，所以照度就减小了。源越倾斜，照射面积越大，照度就越小。从照度的定义

$$E = \frac{\mathrm{d}\Phi}{\mathrm{d}A}$$

也可看出，在通量不变的情况下，被照面积越大照度越小。

这个问题还可以从另一个方面来理解：点光源向空间发出的辐射能是球面波，如果在传输介质内没有损失（反射、散射和吸收），那么在给定方向上某一立体角内，不论辐射能传输多远，它的辐射通量是不变的。而照度随着距离的平方变化如图 1.16 所示。凡是能量源，只要是点源，都具有这种特性，如光源、声源等。

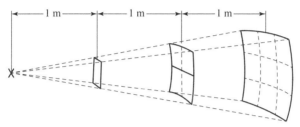

图 1.16　照度和平方的关系

例：测得一个白炽灯在 1 m 处产生的照度为 10 lm/m^2，求在 0.5 m 处产生的照度是多少（见图 1.17）？

解：根据距离平方反比定律

$$E_1 = (d_2/d_1)^2 \times E_2$$

$$E_{0.5\,\mathrm{m}} = (1.0/0.5)^2 \times 10.0 = 40(\mathrm{lm/m}^2)$$

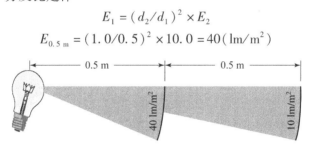

图 1.17　白炽灯产生的照度

1.6.2　立体角投影定律

立体角投影定律是描述一个微小的面辐射源在所辐照平面上某点产生的照度的定律。如图 1.18 所示，小面源的辐射亮度为 L，小面源和被照面的面积分别为 ΔA_s 和 ΔA，两者相距为 d，θ_s 和 θ 分别为 ΔA_s 和 ΔA 的法线与 d 的夹角。小面源 ΔA_s 在 θ_s 方向的辐射强度为 $I = L\Delta A_s \cos\theta_s$，利用式（1.58），可写出 ΔA_s 在 ΔA 上所产生的辐射照度为

$$E = \frac{I\cos\theta}{d^2} = L \cdot \frac{\Delta A_s \cos\theta_s \cos\theta}{d^2} \tag{1.60}$$

因为 ΔA_s 对 ΔA 所张开的立体角 $\Delta\Omega_s = \Delta A_s \cos\theta_s / d^2$，所以有

$$E = L\,\Delta\Omega_s \cos\theta \tag{1.61}$$

式（1.61）称为立体角投影定律。即 ΔA_s 在 ΔA 上所产生的辐射照度等于 ΔA_s 的辐射亮度与 ΔA_s 对 ΔA 所张的立体角以及被照面 ΔA 的法线和 d 之间夹角的余弦三者的乘积。

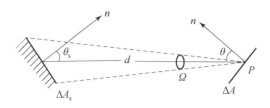

图 1.18　立体角投影定律

当 $\theta_s = \theta = 0°$ 时，即 ΔA_s 与 ΔA 互相平行且垂直于两者的连线时，$E = L\Delta\Omega_s$。若 d 一定，ΔA_s 的周界一定，则 ΔA_s 在 ΔA 上所产生的辐射照度与 ΔA_s 的形状无关，如图 1.19 所示。此定律可使许多具有复杂表面的辐射源所产生的辐射照度的计算变得较为简单。

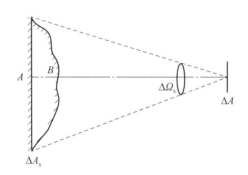

图 1.19　不同形状的辐射源对 ΔA 所产生的辐射照度

多个辐射源照射同一点时，照度相加，如图 1.20 所示。

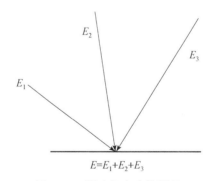

图 1.20　照度组合定律原理

如果有 N 个辐射源，I 相同，则被照点处的总照度为

$$E = I \sum_{i=1}^{N} \frac{\cos\theta_i}{d_i^2} \tag{1.62}$$

1.6.3　Talbot 定律

调制盘是红外技术中常用的装置，是一个齿轮式的圆盘，如图 1.21 所示，利用调制盘把投射到探测器上的辐射变为交变辐射，其作用是为了提取信息和抗干扰等。该定律描述辐射通过调制盘后辐射量的减小。

图 1.21　调幅式调制盘

通过调制盘某辐射量 X 为

$$X = \frac{t}{t_总} X_0 \tag{1.63}$$

式中　t——辐射量通过调制盘开口的时间；

　　　$t_总$——总的时间；

　　　X_0——原来的辐射量。

$t/t_总 = \theta/360°$ 称为衰减因子，其中 θ 为调制盘上总开口的角度。由此看出，辐射量通过调制盘后总是减小的。有关调制盘方面的内容在红外系统课程中详述。

1.6.4　Sumpner 定理

在球形腔内，腔内壁面积元 dA_1 从另一面积元 dA_2 接收到的辐射功率与 dA_1 在球面上的位置无关，即球内壁某一面积元辐射的能量均匀照射在球形腔内壁，称其为 Sumpner 定理。

球形腔体如图 1.22 所示。按照辐射亮度的定义，dA_1 接收到 dA_2 的辐射功率为

$$d\Phi = L dA_1 dA_2 \frac{\cos^2\theta}{r^2}$$

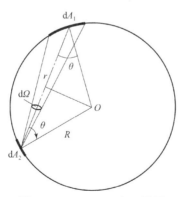

图 1.22　Sumpner 定理用图

由图 1.22 可知，$\cos\theta = (r/2)/R$，R 为球腔的半径，则

$$d\Phi = L dA_1 dA_2 \frac{1}{4R^2} \tag{1.64}$$

因为 L、R 均为常数，所以 dA_1 接收 dA_2 的辐射功率 $d\Phi$ 与 dA_1 的位置无关。又因为腔内壁表面为朗伯面，有 $M = \pi L$，腔壁面积 $A = 4\pi R^2$，所以式（1.64）可改写为

$$d\Phi = \frac{M}{\pi}dA_1 dA_2 \frac{1}{4R^2} = \frac{MdA_1 dA_2}{A}$$

于是，dA_1 单位面积接收到的辐射功率，即辐射照度为

$$\frac{d\Phi}{dA_1} = \frac{MdA_2}{A} = 常数 \tag{1.65}$$

这就证明了 dA_2 的辐射能量均匀地辐照在球形腔内壁。

将 dA_2 推广至部分球面积 ΔA_2，同样有 ΔA_2 在球内壁产生的辐射照度是均匀的。注意，在这个定理的讨论中，我们没有考虑辐射在球内壁上的多次反射。

1.7 辐射量计算举例

辐射量的计算通常有两类，一类是已知源的辐射特性，求在某处产生的照度；一类是反过来，已知某处的照度，求辐射源的参数。都是在工程技术中经常用到的。

1.7.1 圆盘的辐射特性及计算

设圆盘的辐射亮度为 L，面积为 A，如图 1.23 所示。圆盘在与其法线成 θ 角的方向上的辐射强度为

$$I_\theta = LA\cos\theta = I_0\cos\theta \tag{1.66}$$

式中，$I_0 = LA$，为圆盘在其法线方向上的辐射强度。

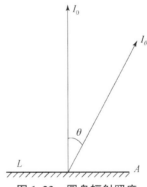

图 1.23 圆盘辐射照度

设圆盘向半球空间发射的辐射功率为 Φ，按照辐射亮度的定义有

$$d\Phi = LA\cos\theta d\Omega$$

因为球坐标的 $d\Omega = \sin\theta d\theta d\phi$，则

$$\Phi = LA\int_0^{2\pi} d\phi \int_0^{2\pi} \cos\theta\sin\theta d\theta = \pi LA = \pi I_0 \tag{1.67}$$

也可按照辐射强度的定义，求得

$$\Phi = \int_{2\pi} I_\theta d\Omega = \int_{2\pi} I_0\cos\theta d\Omega = LA\int_0^{2\pi} d\phi \int_0^{\pi/2} \cos\theta\sin\theta d\theta = \pi LA = \pi I_0$$

或按照朗伯源的辐射规律 $M = \pi L$，同样可得

$$\Phi = MA = \pi LA = \pi I_0$$

可见，对于朗伯面，利用辐射出射度计算辐射功率最简单。

1.7.2　球面的辐射特性及计算

设球面的辐射亮度为 L，球半径为 R，球面积为 A，如图 1.24 所示，若球面在 $\theta = 0°$ 方向上的辐射强度为 I_0，则在球面上所取得的小面元 $\mathrm{d}A = R^2 \sin\theta\mathrm{d}\theta\mathrm{d}\phi$，在 $\theta = 0°$ 方向上的辐射强度为 $\mathrm{d}I_0 = L\mathrm{d}A\cos\theta = LR^2\sin\theta\cos\theta\mathrm{d}\theta\mathrm{d}\phi$，则

$$I_0 = \int_{2\pi}\mathrm{d}I_0 = LR^2\int_0^{2\pi}\mathrm{d}\phi\int_0^{\pi/2}\cos\theta\sin\theta\mathrm{d}\theta = \pi LR^2 \tag{1.68}$$

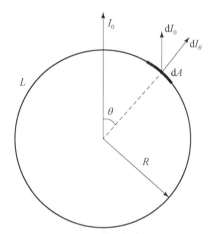

图 1.24　球面辐射强度

同样的计算可以求得球面在 θ 方向的辐射强度 $I_\theta = I_0 = \pi LR^2$。可见球面在各方向上的辐射强度相等。

球面向整个空间发射的辐射功率为

$$\Phi = \int_{4\pi} I_\theta\mathrm{d}\Omega = \pi LR^2\int_{4\pi}\mathrm{d}\Omega = 4\pi^2 LR^2 = 4\pi I_0 \tag{1.69}$$

式中，$I_0 = \pi LR^2$，为球面的辐射强度。

下面分析半球面的辐射特性。

设半球面的辐射亮度为 L，球半径为 R，如图 1.25 所示，若球面在 $\theta = 0°$ 方向上的辐射强度为 I_0，则有

$$I_0 = \pi LR^2 \tag{1.70}$$

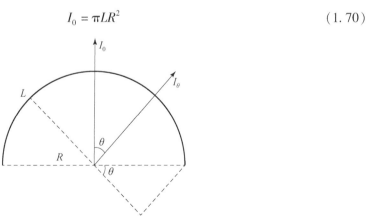

图 1.25　半球面辐射照度

半球面在 θ 方向的辐射强度为

$$I_\theta = \frac{1}{2}\pi LR^2(1 + \cos\theta) \tag{1.71}$$

可见半球面在各方向上的辐射强度是不相等的。

半球面向整个空间发射的辐射功率为

$$\Phi = \int_{4\pi} I_\theta d\Omega = \frac{1}{2}\pi LR^2 \int_0^{2\pi} d\phi \int_0^\pi (1 + \cos\theta)\sin\theta d\theta = 2\pi I_0 \tag{1.72}$$

以上的计算都是辐射亮度为常数的朗伯源的情况。对于非朗伯源，辐射亮度不为常数，而与方向有关。若给出辐射源的辐射亮度与方向的关系，则可利用式（1.71）求得辐射强度。

1.7.3　点源产生的辐射照度

如图 1.26 所示，设点源的辐射强度为 I，它与被照面上 x 点处面积元 dA 的距离为 l，dA 的法线与 l 的夹角为 θ，则投射到 dA 上的辐射功率为 $d\Phi = Id\Omega = IdA\cos\theta/l^2$，所以，点源在被照面上 x 点处产生的辐射照度为

$$E = \frac{d\Phi}{dA} = \frac{I\cos\theta}{l^2} \tag{1.73}$$

此式即为照度与距离的平方反比定律。

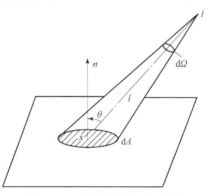

图 1.26　点源产生的辐射照度

1.7.4　小面源产生的辐射照度

如图 1.27 所示，设小面源的面积为 ΔA_s，辐射亮度为 L，被照面面积为 ΔA，ΔA_s 与 ΔA 相距为 l，ΔA_s 和 ΔA 的法线与 l 的夹角分别为 θ_s 和 θ。小面源 ΔA_s 的辐射强度为

$$I = L\cos\theta_s \Delta A_s$$

小面源产生的辐射照度为

$$E = \frac{I\cos\theta}{l^2}L\Delta A_s\frac{\cos\theta_s\cos\theta}{l^2} \tag{1.74}$$

上式也可以直接利用立体角投影定律计算。小面源 ΔA_s 对被照点所张的立体角为 $\Delta\Omega_s = \Delta A_s\cos\theta_s/l^2$，由立体角投影定律有

$$E = L\Delta\Omega_s\cos\theta = L\Delta A_s\frac{\cos\theta_s\cos\theta}{l^2} \tag{1.75}$$

应用以上式子时，要求小面积的线度比距离 l 要小得多。

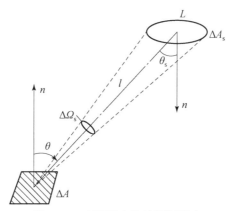

图 1.27　小面源产生的辐射照度

1.7.5　扩展源产生的辐射照度

设有一个朗伯大面积扩展源（如在室外工作的红外装置面对的天空背景），其各处的辐射亮度均相同。我们来讨论在面积为 A_d 的探测器表面上的辐射照度。

如图 1.28 所示，设探测器半视场角为 θ_0，在探测器视场范围内（即扩展源被看到的那部分）的辐射源面积为 $A_s = \pi R^2$，该辐射源与探测器之间的距离为 l，且辐射源表面与探测器表面平行，所以 $\theta_s = \theta_0$。

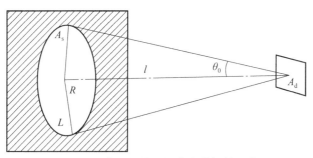

图 1.28　大面积扩展源产生的辐射照度

利用角系数的概念，设两朗伯圆盘 A_1 与 A_2 相距为 l，A_1 很小，A_2 的半径为 R，则 A_2 对 A_1 的角系数为

$$F_{2 \to 1} = \frac{A_1}{A_2} \cdot F_{1 \to 2} = \frac{A_1}{A_2} \cdot \frac{R^2}{l^2 + R^2}$$

由此式可知，辐射源盘对探测器的角系数为

$$F_{s \to d} = \frac{A_d}{A_s} \frac{R^2}{l^2 + R^2} \tag{1.76}$$

于是，从辐射源 A_s 发出被 A_d 接收的辐射功率为

$$\Phi_{s \to d} = F_{s \to d} A_s \pi L = \frac{A_d}{A_s} \cdot A_s \pi L \cdot \frac{R^2}{l^2 + R^2} = A_d \pi L \cdot \frac{R^2}{l^2 + R^2} \tag{1.77}$$

则大面积扩展源在探测器表面上产生的辐射照度为

$$E = \frac{\Phi_{s \to d}}{A_d} = \pi L \frac{R^2}{l^2 + R^2} = \pi L \sin^2\theta_0 \qquad (1.78)$$

对朗伯辐射源，$M = \pi L$，上式也可写为

$$E = M \sin^2\theta_0 \qquad (1.79)$$

由此可见，大面积扩展源在探测器上产生的辐射照度，与辐射源的辐出度或者辐射亮度成正比，与探测器的半视场角 θ_0 的正弦平方成正比。如果探测器视场角达到 π，辐射源面积又充满整个视场（如在室外工作的红外装置面对的天空背景），则在探测器表面上产生的辐射照度等于辐射源的辐出度，即当 $2\theta_0 = \pi$ 时

$$E = M \qquad (1.80)$$

这是一个很重要的结论。

用互易定理求解，也可获得同样的结论：假设 A_d 的辐射亮度也为 L，则按互易定理有

$$\Phi_{\to d} = \Phi_{d \to s}$$

即朗伯圆盘与接收面 A_d 之间相互传递的辐射功率相等。而 A_d 向朗伯圆盘发射的辐射功率为

$$\Phi_{d \to s} = \int_\Omega L A_d \cos\theta \, d\Omega = \int_0^{2\pi} d\phi \int_0^{\Omega_0} L A_d \sin\theta \cos\theta \, d\theta = \pi L A_d \sin^2\theta_0$$

所以圆盘在 A_d 上产生的辐射照度为

$$E = \frac{\Phi_{s \to d}}{A_d} = \frac{\Phi_{d \to s}}{A_d} = \pi L \sin^2\theta_0$$

此结果与扩展源产生的辐照公式（1.78）相同。在某些情况下，使用互易定理可使计算大为简化。

下面我们利用以上结论讨论一下将辐射源作为小面源（点源）的近似条件和误差。

从图 1.28 得到

$$\sin^2\theta_0 = \frac{R^2}{l^2 + R^2}$$

由于在探测器视察范围内的辐射源面积为 $A_s = \pi R^2$，所以式（1.78）可改写为

$$E = L \frac{A_s}{l^2 + R^2} \qquad (1.81)$$

若 A_s 小到可以近似为小面源（点源），则它在探测器上产生的辐射照度，可由式（1.75）（此时 $\theta_s = \theta = 0°$）得到

$$E_0 = L \frac{A_s}{l^2} \qquad (1.82)$$

所以，从式（1.81）和式（1.82）得到将辐射源看作小面源（点源）的相对误差为

$$\frac{E_0 - E}{E} = \left(\frac{R}{l}\right)^2 = \tan^2\theta_0 \qquad (1.83)$$

式中，E 是精确计算给出的扩展源产生的辐射照度；E_0 是将扩展源当作小面源（点源）近似时得到的辐射照度。

如果 $(R/l) \leqslant 1/10$，即当 $l \geqslant 10R\,(\theta_0 \leqslant 5.7°)$ 时，有

$$\frac{E_0 - E}{E} \leqslant \frac{1}{100} \qquad (1.84)$$

上式表明，如果辐射源的线度（即最大尺寸）小于等于辐射源与被照面之间的距离的 10%，或者辐射源对探测器所张的半视场角 $\theta_0 \leqslant 5.7°$，可将扩展源作为小面源来进行计算，所得到的辐射照度与精确计算值的相对误差将小于 1%。

如果一个辐射亮度均匀、各方向相同的圆筒形辐射源的直径与其长度之比相对很小，我们可把它看成一条细线辐射源，称为线辐射源。例如，日光灯、管状碘钨灯、能斯脱灯、硅碳棒和陶瓷远红外加热管灯均属于此类辐射源。

设线辐射源的长度为 l、半径为 R、辐射亮度为 L，如图 1.29 所示，则与线辐射源垂直方向上的辐射强度为 $I_0 = 2LRl$，与其法线成 α 角的方向上的辐射强度为 I_α，有

$$I_\alpha = I_0 \cos\alpha \tag{1.85}$$

因为 θ 角与 α 角互为余角，所以有

$$I_\theta = I_0 \sin\theta \tag{1.86}$$

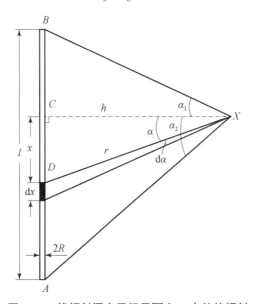

图 1.29　线辐射源在平行平面上 X 点处的辐射

下面我们计算线辐射源发出的总功率。为此，我们采用球坐标系，如图 1.29 所示。显然，由于辐射强度的对称性，I_α 仅与 θ 角（或 α 角）有关，而与 ϕ 角无关。首先在 θ 角方向上取一微小立体角 $d\Omega$，在该立体角中，线辐射源辐射的功率为

$$d\Phi = I_\theta d\Omega = I_\theta \sin\theta d\theta d\phi$$

又因为 $I_\theta = I_0 \sin\theta$，所以

$$d\Phi = I_0 \sin^2\theta d\theta d\phi$$

线辐射源发出的总辐射功率为

$$\Phi = I_0 \int_0^{2\pi} d\phi \int_0^{\pi} \sin^2\theta \pi^2 I_0 d\theta \tag{1.87}$$

直接利用辐射出射度计算得

$$\Phi = 2\pi RlM = 2\pi^2 LRl = \pi^2 I_0 \tag{1.88}$$

下面我们讨论有限线状辐射源产生的辐射照度。如图 1.29 所示，AB 代表一个线辐射源，其辐射亮度为 L，长为 l，半径为 R，求在 X 点的辐射照度。

设单位长度上的最大辐射强度为 $I_l = I_0/l = 2LR$ 表示，X 点到线辐射源的垂直距离用 h 表示，XB、XA 与 XC 的夹角分别用 α_1 和 α_2 表示，借助这些量，我们可以得到 X 点的辐射照度公式。

首先计算线辐射源 AB 上一微小长度 $\mathrm{d}x$ 对 X 点所产生的辐射照度。设所考虑的 $\mathrm{d}x$ 位于图中距 C 点距离为 x 的 D 处，距离 DX 用 r 表示，$\mathrm{d}x$ 对 X 点的张角为 $\mathrm{d}\alpha$。$\mathrm{d}x$ 在 DX 方向上的辐射强度为

$$\mathrm{d}I_\alpha = I_l \mathrm{d}x \cos\alpha$$

而 $\mathrm{d}x$ 在 X 点的辐射照度为

$$\mathrm{d}E_\alpha = \frac{\mathrm{d}I_\alpha}{r^2}\cos\alpha$$

式中的 r 和 $\mathrm{d}x$ 可以借助于 h、α 来表示，即

$$r = \frac{a}{\cos\alpha}, \quad x = h\tan\alpha$$

$$\mathrm{d}x = \frac{h\mathrm{d}\alpha}{\cos^2\alpha}$$

将上述各量代入 $\mathrm{d}E_\alpha = \dfrac{\mathrm{d}I_\alpha}{r^2}\cos\alpha$，则有

$$\mathrm{d}E_\alpha = I_l \frac{1}{h}\cos^2\alpha\mathrm{d}\alpha \tag{1.89}$$

在 α_1 和 α_2 之间积分，可得线辐射源 AB 在 X 点的辐射照度为

$$E = \int \mathrm{d}E_\alpha = I_l \frac{1}{h}\int_{\alpha_2}^{\alpha_1}\cos^2\alpha\mathrm{d}\alpha = I_l \frac{1}{h}\frac{1}{4}\left[2\,|\alpha_2 - \alpha_1| + |\sin 2\alpha_1 - \sin 2\alpha_2|\right] \tag{1.90}$$

如果 X 点位于该线辐射源中心垂直向外的地方，此时 AB 对 X 点的张角为 2α。在这种情况下，式（1.90）中的 α_1 和 α_2 数值相等，但符号相反。所以，有

$$E = \frac{I_l}{h}\frac{1}{2}(2\alpha + \sin 2\alpha) \tag{1.91}$$

因为 $\tan\alpha = l/(2h)$，所以因子 $(2\alpha + \sin 2\alpha)/2$ 可由 l 与 h 之比求得。

现在我们对式（1.91）的两种极端情况进行讨论。

第一种情况是 $h \gg l$。在这种情况下，可以把线辐射源 AB 看作是在 C 点的点源，其辐射强度为

$$I_0 = I_l l$$

所以，X 点的辐射照度为

$$E = \frac{I_0}{h^2} = \frac{I_l l}{h^2} \tag{1.92}$$

计算结果表明，当 $h/l = 2$ 时，用式（1.92）代替式（1.91），所带来的相对误差是 4%。如果 $h/l \gg 2$，那么误差会更小。

第二种情况是 $h \ll l$。在这种情况下，$\alpha = \pi/2$，所以，式（1.91）化为

$$E = \frac{\pi}{2}\frac{I_l}{h} \tag{1.93}$$

计算结构表明，当 $h < l/4$ 时，用式（1.93）代替式（1.91）可以得出足够精确的结果。

任何一个辐射源的辐射，都可用 3 个基本参数来描述：辐射源的总功率、辐射的空间分布和辐射的光谱分布。

辐射的总功率 Φ 就是目标在各个方向上所发射的辐射功率的总和，也就是目标的辐射强度 I 对整个发射立体角的积分。

辐射的空间分布表示辐射强度在空间的分布情况。

辐射的光谱分布表征物体发射的辐射能量在不同波段（或各光谱区域）中的数值。

一般情况下，任何目标的辐射都是由辐射源的固有辐射和它的反射辐射组成的。目标的固有辐射取决于它的表面温度、形状、尺寸和辐射表面的性能等。

1.8　辐射的反射、吸收和透射

为了突出辐射量的基本概念和计算方法，前面的讨论都没有考虑辐射在传输介质中的衰减。事实上，在距辐射源一定距离上，来自辐射源的辐射都要受到所在介质、光学元件等的表面反射、内部吸收、散射等过程的衰减，只有一部分辐射功率通过介质。为了描述辐射在介质中的衰减，本节将讨论一些相关的定律。

1.8.1　反射、吸收和透射的基本概念

由几何光学我们知道，当一束光从一种介质传播到另一种介质时，在两种介质的分界面上，入射光一般情况下会分解为两束光线，其中一束光为反射光，另一束光为折射光。而在介质中传播的光线，一般情况下，由于介质对光的吸收，光强会随着传播距离的增加而衰减。如果介质为透明介质，则最终会有一部分光线透射出去。介质对光的反射、吸收和透射可以用图 1.30 来描述，如透射到某介质表面上的辐射功率为 Φ_i，其中一部分 Φ_ρ 被表面反射，一部分 Φ_α 被介质吸收，如果介质是部分透明的，就会有一部分辐射功率 Φ_τ 从介质中透射过去。根据能量守恒定律有

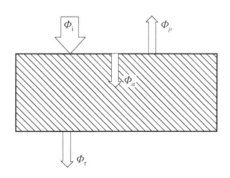

图 1.30　入射辐射在介质上的反射、吸收和透射

$$\Phi_i = \Phi_\rho + \Phi_\alpha + \Phi_\tau$$

或写为

$$1 = \frac{\Phi_\rho}{\Phi_i} + \frac{\Phi_\alpha}{\Phi_i} + \frac{\Phi_\tau}{\Phi_i}$$

即

$$1 = \rho + \alpha + \tau \tag{1.94}$$

式中，ρ、α 和 τ 分别称为反射率、吸收率和透射率，它们的定义如下：

反射率为

$$\rho = \frac{\Phi_\rho}{\Phi_i} \tag{1.95}$$

吸收率为

$$\alpha = \frac{\Phi_\alpha}{\Phi_i} \tag{1.96}$$

透射率为

$$\tau = \frac{\Phi_\tau}{\Phi_i} \tag{1.97}$$

反射率、吸收率和透射率与介质的性质（如材料的种类、表面状态和均匀性等）和温度有关。如果投射到介质上的辐射是波长为 λ 的单色辐射，即 $\Phi_i = \Phi_{i\lambda} d\lambda$，则反射、吸收和透射的辐射功率也是单色的。可分别表示为 $\Phi_\rho = \Phi_{\rho\lambda} d\lambda$，$\Phi_\alpha = \Phi_{\alpha\lambda} d\lambda$，$\Phi_\tau = \Phi_{\tau\lambda} d\lambda$。由此可得：

光谱反射率

$$\rho(\lambda) = \frac{\Phi_{\rho\lambda}}{\Phi_{i\lambda}} \tag{1.98}$$

光谱吸收率

$$\alpha(\lambda) = \frac{\Phi_{\alpha\lambda}}{\Phi_{i\lambda}} \tag{1.99}$$

光谱透射率

$$\tau(\lambda) = \frac{\Phi_{\tau\lambda}}{\Phi_{i\lambda}} \tag{1.100}$$

$\rho(\lambda)$、$\alpha(\lambda)$ 和 $\tau(\lambda)$ 都是波长的函数，它们也满足式（1.94）。

若入射的辐射功率是全辐射功率，则反射、吸收和透射的全辐射功率可以从式（1.95）、式（1.96）和式（1.97）得到。于是，我们就可以得到全反射率与光谱反射率、全吸收率与光谱吸收率以及全透射率与光谱透射率之间的关系为

$$\rho = \frac{\Phi_\rho}{\Phi_i} = \frac{\int_0^\infty \rho(\lambda) \Phi_{i\lambda} d\lambda}{\int_0^\infty \Phi_{i\lambda} d\lambda} \tag{1.101}$$

$$\alpha = \frac{\Phi_\alpha}{\Phi_i} = \frac{\int_0^\infty \alpha(\lambda) \Phi_{i\lambda} d\lambda}{\int_0^\infty \Phi_{i\lambda} d\lambda} \tag{1.102}$$

$$\tau = \frac{\Phi_\tau}{\Phi_i} = \frac{\int_0^\infty \tau(\lambda) \Phi_{i\lambda} d\lambda}{\int_0^\infty \Phi_{i\lambda} d\lambda} \tag{1.103}$$

对于在光谱带 $\lambda_1 \sim \lambda_2$ 之内的情况，我们也可以定义相应的各量。只要将式（1.101）、式（1.102）和式（1.103）中的积分限换成 $\lambda_1 \sim \lambda_2$ 即可。

1.8.2　朗伯定律和朗伯 – 比耳定律

1. 朗伯定律

假设介质对辐射只有吸收作用，我们来讨论辐射的传播定律。设有一平行辐射束在均匀（即不考虑散射）的吸收介质内传播距离为 dx 路程之后，其辐射功率减少 $d\Phi$。实验证明，被介质吸收掉的辐射功率的相对值 $d\Phi/\Phi$ 与通过的路程 dx 成正比，即

$$-\frac{d\Phi}{\Phi} = \alpha dx \tag{1.104}$$

式中，α 称为介质的吸收系数，负号表示 $d\Phi$ 是从 Φ 中减少的数量。

将式（1.104）从 0 到 x 积分，得到在 x 点处的辐射功率为

$$\Phi(x) = \Phi(0)e^{-\alpha x} \tag{1.105}$$

式中，$\Phi(0)$ 是在 $x = 0$ 处的辐射功率。式（1.105）就是吸收定律，它表明，辐射功率在传播过程中，由于介质的吸收，数值随传播距离增加做指数衰减。

吸收率和吸收系数是两个不同意义的概念。按式（1.96），吸收率是被介质吸收的辐射功率与入射辐射功率的比值。它是一个无量纲的纯数，其值在 0 与 1 之间。由式（1.104）可以看出，吸收系数 $\alpha = -(d\Phi/\Phi)/dx$，表示在通过介质单位距离时辐射功率衰减的百分比。因此，吸收系数 α 是个有量纲的量。当 x 的单位取 m 时，α 的单位是 1/m，且 α 的值可等于 1 或大于 1。很显然，α 值越大，吸收就越严重。从式（1.105）可以看出，当辐射在介质中传播 $1/\alpha$ 距离时，辐射功率就衰减为原来值的 $1/e$。所以在 α 值很大的介质中，辐射传播不了多远就被吸收掉了。

介质的吸收系数一般与辐射的波长有关。对于光谱辐射功率，可以把吸收定律表示为

$$\Phi_\lambda(x) = \Phi_\lambda(0)e^{-\alpha(\lambda)x} \tag{1.106}$$

式中，$\alpha(\lambda)$ 为光谱吸收系数。

通常，将比值 $\Phi_\lambda(x)/\Phi_\lambda(0)$ 称为介质的内透射率。由式（1.106）不难得到内透射率为

$$\tau_i(\lambda) = \frac{\Phi_\lambda(x)}{\Phi_\lambda(0)} = e^{-\alpha(\lambda)x} \tag{1.107}$$

内透射率表征在介质内传播一段距离 x 后，透射过去的辐射功率占原辐射功率的百分数。

图 1.31 所示的是具有两个表面的介质的透射情形。设介质表面（1）的透射率为 $\tau_1(\lambda)$，表面（2）的透射率为 $\tau_2(\lambda)$。对表面（1）有 $\Phi_\lambda(0) = \tau_1(\lambda)\Phi_{i\lambda}$。若表面（1）和表面（2）的反射率比较小，且只考虑在表面（2）上的第一次透射（即不考虑在表面（2）与表面（1）之间来回反射所产生的各项透射），则有 $\Phi_{\tau\lambda}(0) = \tau_2(\lambda)\Phi_\lambda(x)$。于是，利用以上两式，得到介质的透射率为

$$\tau(\lambda) = \frac{\phi_{\tau\lambda}}{\phi_{i\lambda}} = \frac{\tau_2(\lambda)\Phi_\lambda(x)}{\Phi_\lambda(0)/\tau_1(\lambda)} = \tau_1(\lambda) \cdot \tau_2(\lambda)\frac{\Phi_\lambda(x)}{\Phi_\lambda(0)} = \tau_1(\lambda) \cdot \tau_2(\lambda) \cdot \tau_i(\lambda)$$

$$\tag{1.108}$$

由上式可以看出，一介质的透射率 $\tau(\lambda)$ 等于两个表面的透射率 $\tau_1(\lambda)$、$\tau_2(\lambda)$ 和内透射率 $\tau_i(\lambda)$ 的乘积。

图 1.31 辐射在两个表面的介质中传播

当表面（1）和表面（2）的反射率比较大时，辐射功率将在两表面之间来回多次反射。而每反射一次，在表面（2）均有一部分辐射功率透射过去（对表面（1）也有同样的现象）。由于电磁波的波动性，将产生多光束干涉，因此透射率的公式要比式（1.108）复杂些，这里不做讨论。

以上我们讨论了辐射在介质内传播时产生衰减的主要原因之一，即吸收问题。导致衰减的另一个主要原因是散射。假设介质中只有散射作用，我们来讨论辐射在介质中的传输规律。

设有一功率为 Φ_λ 的平行单色辐射束，入射到包含许多微粒的非均匀介质上。由于介质中微粒的散射作用，使一部分辐射偏离原来的传播方向，因此，在介质内传播距离 dx 路程后，继续在原来方向上传播的辐射功率（即通过 dx 之后透射的辐射功率）$\Phi_{\tau\lambda}$，比原来入射功率 Φ_λ 衰减少了 $d\Phi_\lambda$，实验证明，辐射衰减的相对值 $d\Phi_\lambda/\Phi_\lambda$ 与在介质中通过的距离 dx 成正比，即

$$-\frac{d\Phi_\lambda}{\Phi_\lambda} = \gamma(\lambda)\,dx \tag{1.109}$$

式中，称 $\gamma(\lambda)$ 为散射系数。式中的负号表示 $d\Phi_\lambda$ 是减少的量。散射系数与介质内微粒（或称散射元）的大小和数目以及散射介质的性质有关。

如果把式（1.109）从 0 到 x 积分，则得

$$\Phi_\lambda(x) = \Phi_\lambda(0)e^{-\gamma(\lambda)x} \tag{1.110}$$

式中，$\Phi_\lambda(0)$ 是在 $x=0$ 处的辐射功率，$\Phi_\lambda(x)$ 是在只有散射的介质内通过距离 x 后的辐射功率。介质的散射作用，也使辐射功率按指数规律随传播距离增加而减小。

以上我们分别讨论了介质只有吸收或只有散射作用时，辐射功率的传播规律。只考虑吸收的内透射率 $\tau_i'(\lambda)$ 和只考虑散射的内透射率 $\tau_i''(\lambda)$ 的表示式为

$$\tau_i'(\lambda) = \frac{\Phi_\lambda'(x)}{\Phi_\lambda(0)} = e^{-\alpha(\lambda)x} \tag{1.111}$$

$$\tau_i''(\lambda) = \frac{\Phi_\lambda''(x)}{\Phi_\lambda(0)} = e^{-\gamma(\lambda)x} \tag{1.112}$$

如果在介质内同时存在吸收和散射作用，并且认为这两种衰减机理彼此无关。那么，总的内透射率应该是

$$\tau_i(\lambda) = \frac{\Phi_{\tau\lambda}(x)}{\Phi_{i\lambda}(0)} = \tau_i'(\lambda)\cdot\tau_i''(\lambda) = \exp\{-[\alpha(\lambda)+\gamma(\lambda)]x\} \tag{1.113}$$

于是，我们可以写出，在同时存在吸收和散射的介质内，功率为 $\Phi_{i\lambda}$ 的辐射束传播距离

为 x 的路程后，透射的辐射功率为

$$\Phi_{\tau\lambda}(x) = \Phi_{i\lambda}(0)\exp\{-[\alpha(\lambda)+\gamma(\lambda)]x\} = \Phi_{i\lambda}(0)\exp[-K(\lambda)x] \qquad (1.114)$$

式中，$K(\lambda) = \alpha(\lambda) + \gamma(\lambda)$ 称为介质的消光系数。式（1.114）就叫朗伯定律。

2. 朗伯 – 比耳定律

在讨论吸收现象时，比较方便的办法是用引起吸收的个别单元来讨论。假设在一定的条件下，每个单元的吸收不依赖于吸收元的浓度，则吸收系数就正比于单位路程上所遇到的吸收元的数目，即正比于这些单元的浓度 n_α，可以写为

$$\alpha(\lambda) = \alpha'(\lambda)n_\alpha \qquad (1.115)$$

式中，$\alpha'(\lambda)$（通常是波长的函数）是单位浓度的吸收系数。式（1.115）叫作比耳定律。

上面关于 $\alpha'(\lambda)$ 与浓度 n_α 无关的假设，在某些情况下是不适用的。例如，浓度的变化可能改变吸收分子的本质或引起吸收分子间的相互作用。

用同样的方法，散射系数可以写为

$$\gamma(\lambda) = \gamma'(\lambda)n_\gamma \qquad (1.116)$$

式中，n_γ 是散射元的浓度，$\gamma'(\lambda)$ 是单元浓度的散射系数。

因为 $\alpha'(\lambda)$ 和 $\gamma'(\lambda)$ 具有面积的量纲，所以又称为吸收截面和散射截面。应用这些定义，我们就可以把朗伯定律写为

$$\Phi_{\tau\lambda}(x) = \Phi_{i\lambda}(0)\exp\{-[\alpha'(\lambda)n_\alpha + \gamma'(\lambda)n_\gamma]x\} \qquad (1.117)$$

式（1.117）称为朗伯 – 比耳定律。该定律表明：在距离表面为 x 的介质内透射的辐射功率将随介质内的吸收元和散射元的浓度的增加而以指数规律衰减。这个定律的重要应用之一是用红外吸收法做混合气体组分的定量分析。常用的红外气体分析仪就是按此原理工作的。

红外气体分析仪可以根据不同的要求设计成多种形式，如图 1.32 所示是其中的一种。用这种仪器可以测量大气中二氧化碳的含量。

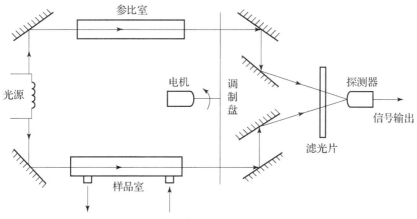

图 1.32　红外气体分析仪的工作原理

从光源发出的红外辐射分成两束，被反射镜反射后分别通过样品室和参比室，再经过反射镜系统投射到红外探测器上。探测器的前面是一块滤光片，只让中心波长为 4.35 μm 的一个窄波段的红外辐射通过。因此探测器所接收的仅是 4.35 μm 这个窄波段的辐射，而 4.35 μm 则是二氧化碳的主要吸收带中心波长。

调制盘是一个齿轮式的圆盘，利用调制盘把投射到探测器上的辐射变为交变辐射。样品室与参比室的位置安置如图 1.32 所示，当调制盘的齿遮住从参比室出来的辐射时，从样品室出来的辐射正好从调制盘的齿间通过。这样探测器就可以交替地接收通过样品室和参比室的辐射。如参比室里没有二氧化碳，通过样品室的气体也没有二氧化碳，调节仪器使两束辐射完全相等，那么，探测器所接收到的就是功率恒定的辐射。此时探测器就只有直流响应，接在探测器后的放大器的输出就是零。如果样品室的气体中有二氧化碳气体，对 4.35 μm 波段的辐射就有吸收，那么两束辐射的功率就不相等，探测器所接收到的就是交变的辐射，放大器的输出信号就不再为零。因为二氧化碳的吸收与二氧化碳的浓度有关，即与二氧化碳的含量有关，所以，当气体中二氧化碳含量增加时，放大器的输出信号就增大。经过适当的定标，就可以测量二氧化碳的含量。

本章小结

本章主要介绍了光度学与辐射度学的基本概念及相互之间的关系，给出了辐射量计算的基本规律，举例说明了简单物理模型的辐射特性及其计算，描述了辐射反射、吸收和透射的基本概念及应用。

本章习题

1. 红外光谱按照波长是如何划分的？

2. 简述波数的基本概念，并用波数表示 0.4 μm、2.5 μm、8 μm、25 μm 的光辐射。

3. 已知各向同性的某点辐射源，其辐射强度为 100 W/sr，求与其相距 100 m、通光孔径为 20 cm 的某光学系统接收到的辐射通量。

4. 已知半径为 10 cm 的圆盘形辐射源，其向上半球空间发出的辐射通量为 62.8 W，试计算：

（1）该圆盘辐射源的辐射出射度；

（2）该圆盘辐射源的辐射亮度；

（3）该圆盘是否为朗伯辐射体，若不是，说明其原因。

5. 某房间长为 8 m，宽为 6 m，某点光源垂直房屋地面高度为 12 m，其发光强度为 100 cd，且各个方向的发光强度相同，试计算房间在以下不同位置的照度：

（1）该点光源的正下方；

（2）房间的一角。

6. 光度学与辐射度学的区别是什么？

7. 光亮度和辐射亮度的定义、表达式和单位各是什么？光照度和辐射照度的定义、表达式和单位各是什么？

8. 什么是辐射量、光谱辐射量、光子辐射量？

9. 光源确定后，如何使被照表面获得最大照度，并说明根据什么定律。

10. 描绘人眼对辐射敏感程度的曲线，给出最敏感波长位置，并说明该波长为什么颜色。

11. 几个光源同时照射某一点时，该点处的照度如何表示？

12. 在一平面 S 正上方 5 m 高处有一发光强度为 100 cd 的各向同性点光源 C，S 平面上有一点 P，点源 C 在平面 S 上的投影为 O，$\angle OCP = 30°$，试求：

（1）点源 C 在其正下方 O 点产生的照度；

（2）点源 C 对 S 平面上 P 点产生的照度。

13. 表面积分别为 A_1 和 A_2 的两个朗伯圆盘形光源，相距距离为 l，如果两圆盘相对放置，并使其法线重合，且 A_1 圆盘的辐射出射度为 M，试证明 A_2 圆盘接收到 A_1 圆盘的辐射功率为 $MA_1A_2/(\pi L^2)$。若该朗伯圆盘形光源改为圆球形光源，且相距距离 l 远大于圆球半径，试证明 A_2 圆球接收到 A_1 圆球的辐射功率为 $MA_1A_2/(16\pi L^2)$。

14. 某平面上有两点 A 和 B，相距 x，若在 A 点上方高 h 处悬挂一个点辐射源 S，其辐射强度为 I，试求 B 点的辐射照度。若垂直下移点辐射源 S 的位置，问高度为多少时，可使 B 点的辐射照度最大？

15. 某圆形桌子半径为 1 m，在桌子中心正上方 3 m 处放置一各向同性点光源，此时桌子的中心照度为 90 lx，若把光源置于离桌子中心 5 m 处，求桌子中心处和边缘上的照度。

16. 阳光垂直照射地面时，照度为 10^5 lx，若把太阳看作是朗伯体，并忽略大气衰减，试求太阳的亮度。（已知地球轨道半径为 1.5×10^8 km，太阳的直径为 1.4×10^6 km）

17. 某一朗伯圆盘，其辐射亮度为 L，半径为 R，求垂直距离中心 d 处的辐射照度。

18. 某激光器输出波长为 λ，输出功率为 1 mW，发散角为 2 mrad，其出射光束的截面直径为 2 mm，若该激光器投射到相距 100 m 远的屏幕上，试求：

（1）此激光器出射光束的辐射强度、辐射亮度；

（2）此激光器出射光束的光通量、发光强度，其中 $V(\lambda) = 0.235$；

（3）在被照射屏幕上产生的辐射照度、光照度。

19. 满月能够在地面上产生 0.2 lx 的照度，假设满月等价于直径为 3 476 km 的圆形面光源，距地面平均距离为 3.844×10^5 km，如果忽略大气衰减，计算月亮的亮度。

20. 面积为 A 的朗伯微面源，其辐射亮度为 L，若其发出的辐射与其法线夹角为 θ，试求在与 A 平行且相距为 d 的平面上一点 B 处产生的辐射照度，如果把 B 点所在平面在 B 处逆时针转动 ϕ 角，在 B 点处的辐射照度如何？

21. 一个发光表面 S 的面积为 1 cm^2，与其法线成 45° 的 CP 方向的亮度为 5×10^5 cd/m^2，CP 与接收面元 dS 的法线成 60°，$CP = 50$ cm，求 dS 上 P 点的照度。

22. 已知飞机尾喷口直径 $D_s = 60$ cm，光学接收系统直径 $D = 30$ cm，喷口与光学系统相距 $d = 1.8$ km，当飞机尾喷口的辐射出射度 $M = 1$ W/cm^2 时，大气透射率为 0.9，求光学系统所接收的辐射功率（飞机尾喷口辐射近似为朗伯辐射）。

23. 空间某一圆盘半径为 R，与圆盘中心 O 垂直距离 d 处存在某一各向同性点光源，其辐射强度为 I，试证明该点光源向圆盘发射的辐射功率为

$$\Phi = 2\pi I \left(1 - \frac{1}{\sqrt{1 + R^2/d^2}}\right)$$

第 2 章

热辐射的基本规律

本章讨论了基尔霍夫定律，即物体在热平衡条件下的辐射规律。接着讨论黑体的辐射规律，即普朗克公式、维恩位移定律、斯蒂芬－玻尔兹曼定律。最后通过确定温度下物体的光谱发射率，得出任意物体的辐射特性。

 学习目标

掌握发射率、基尔霍夫定律、黑体及其辐射定律等基本概念；熟练掌握利用黑体辐射函数表计算黑体和实际物体辐射的基本方法；掌握辐射效率和辐射对比度的基本概念及应用。

 本章要点

（1）基尔霍夫定律的基本概念及物理含义；

（2）黑体及其辐射定律的基本概念及应用；

（3）黑体及实际物体的辐射计算（最大辐射波长、光谱辐射出射度及某波段辐射出射度等）；

（4）发射率、辐射效率及辐射对比度的基本概念及应用。

物体的辐射和发光是有本质区别的，在研究辐射及其规律之前，先介绍一下发光的种类。

物体的辐射或发光要消耗能量。物体发光消耗的能量一般有两种：一种是物体本身的能量；另一种是物体从外界得到的能量。由于能量的供给方式不同，可把发光分为如下不同的类型。

化学发光：在发光过程中，物质内部发生了化学变化，如腐木的辉光、磷在空气中渐渐氧化的辉光等，都属于化学发光。在这种情况下，辐射能的发射与物质成分的变化和物质内能的减少是同时进行的。

光致发光：物体的发光是由预先照射或不断照射所引起的。在这种情况下，要想维持发光，就必须以光的形式把能量不断地输给发光物体，即消耗的能量是由外光源提供的。

电致发光：物体发出的辉光是由电的作用直接引起的。这类最常见的辉光是气体或金属蒸气在放电作用下产生的。放电可以有各种形式，如辉光放电、电弧放电、火花放电等。

在这些情况下，辐射所需要的能量是由电能直接转化而来的。除此之外，用电场加速电子轰击某些固体材料也可产生辉光，例如变像管、显像管、荧光屏的发光就属于这类情况。

热辐射：物体在一定温度下发出电磁辐射。显然，要维持物体发出辐射就必须给物体加热。热辐射的性质可由热力学基本规律进行解释，且如果理想热辐射体表面温度已知，那么其辐射特性就可以完全确定。一般的钨丝灯泡发光表面上看似电致发光，其实，钨丝灯因为所供给灯丝的电能并不是直接转化为辐射能，而是首先转化为热能，使钨丝灯的温度升高，导致发光，因而钨丝灯的辐射属于热辐射。

除了在极高温的情况外，热辐射通常处于红外波段，所以红外辐射也称为热辐射。

普雷夫定则：在单位时间内，如果两个物体吸收的能量不同，则它们发射的能量也不同。即在单位时间内，一个物体发出的能量等于它吸收的能量。

普雷夫定则小实验如图 2.1 所示。

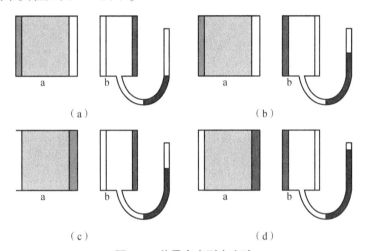

图 2.1　普雷夫定则小实验

图 2.1 中 a 为金属容器，里面装有热水，容器壁上的阴影部分为涂有黑色金属氧化物的表面，b 为空气温度计。图 2.1（a）将没有涂金属氧化物的侧面相对，温度计刻度上升到一定程度，并以此为参照；图 2.1（b）是将空气温度计涂有黑色金属氧化物的表面转向金属容器，气体温度计刻度有所上升；图 2.1（c）将涂有黑色金属氧化物的容器表面与空气温度计相对，此时温度计的示数也比图 2.1（a）有所上升；图 2.1（d）中，将金属容器和空气温度计涂有黑色金属氧化物的侧面相对，此时温度计的示数最高。

普雷夫定则说明，在单位时间内，如果两个物体吸收的能量不同，则它们发射的能量也不同。即在单位时间内，一个物体能够发出的能量等于它能够吸收的能量。这是热力学中的一个定律，是从能量的接收和发射的角度考虑问题的，是能量交换的条件。热辐射是平衡辐射，是一种能量交换，其他发光都不是。

2.1　基尔霍夫定律

基尔霍夫定律

普雷夫定则定性地说明了吸收能量大的物体发射能量也大，基尔霍夫定律是定量地描述物体吸收热量和发射热量之间关系的定律，是辐射传输理论的基础。

物体的发射本领：即物体的辐射出射度 M，通常写成 $M_{\lambda T}$，因为 M 与波长和温度有关。

物体的吸收本领：即物体的吸收比 α，α 也与波长和温度有关，故写成 $\alpha_{\lambda T}$。

二者之间的关系称为基尔霍夫定律，即

$$\frac{M_{\lambda T}}{\alpha_{\lambda T}} = \text{const} = f(\lambda, T) \tag{2.1}$$

该定律说明一个物体的发射本领和吸收本领之比是常数，但必须是一个物体，其温度变化时波长也随之变化，但二者的比值不变。

如果有 3 个物体，则

$$\frac{M_{1\lambda T}}{\alpha_{1\lambda T}} = \frac{M_{2\lambda T}}{\alpha_{2\lambda T}} = \frac{M_{3\lambda T}}{\alpha_{3\lambda T}} = C \tag{2.2}$$

即所有的物体，它们的发射本领与吸收本领之比都是相同的一个常数（在相同温度、相同波长条件下），这个常数就是黑体的发射本领，即黑体的辐射出射度。

$$C = \frac{M_{b\lambda T}}{\alpha_{b\lambda T}} = \frac{M_{b\lambda T}}{1} = M_{b\lambda T} \tag{2.3}$$

式中　$M_{b\lambda T}$——黑体的辐射出射度；

　　$\alpha_{b\lambda T}$——黑体的吸收比（$\alpha_{b\lambda T} = 1$ 是黑体的定义）。

基尔霍夫定律是这样描述的：在给定温度下，对某一波长来说，物体的吸收本领和发射本领的比值与物体本身的性质无关，对于一切物体都是恒量。即 $M_{\lambda T}/\alpha_{\lambda T}$ 对所有物体都是一个普适函数，即黑体的发射本领，而 $M_{\lambda T}$ 和 $\alpha_{\lambda T}$ 两者中的每一个都随着物体不同而不同。基尔霍夫定律的另一种描述是"发射大的物体必吸收大"，或"善于发射的物体必善于接收"，反之亦然。

如图 2.2 所示，任意物体 A 置于一个等温腔内，腔内为真空。物体 A 在吸收腔内辐射的同时又在发射辐射，最后物体 A 将与腔壁达到同一温度 T，这时称物体 A 与空腔达到了热平衡状态。在热平衡状态下，物体 A 发射的辐射功率必等于它所吸收的辐射功率，否则物体 A 将不能保持温度 T。于是有

$$M = \alpha E \tag{2.4}$$

式中，M 是物体 A 的辐射出射度；α 是物体 A 的吸收率；E 是物体 A 上的辐射照度。上式又可写为

$$\frac{M}{\alpha} = E \tag{2.5}$$

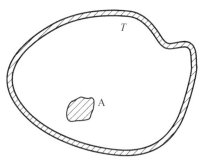

图 2.2　等温腔内的物体

这就是基尔霍夫定律的另一种表达形式，即在热平衡条件下，物体的辐射出射度与其吸收率的比值等于空腔中的辐射照度，这与物体的性质无关。物体的吸收率越大，则它的辐射出射度也越大，即好的吸收体必是好的发射体。

对于不透明的物体，透射率为零，则 $\alpha = 1 - \rho$，其中 ρ 是物体的反射率。这表明好的发射体必是弱的反射体。

式（2.5）用光谱量可表示为

$$\frac{M_\lambda}{\alpha_\lambda} = E_\lambda \tag{2.6}$$

关于基尔霍夫定律的说明：

基尔霍夫定律是平衡辐射定律，与物质本身的性质无关，当然对黑体也适用；

吸收和辐射的多少应在同一温度下比较，温度不同时没有意义；

任何强烈的吸收必发出强烈的辐射，无论吸收是由物体表面性质决定的，还是由系统的构造决定的；

基尔霍夫定律所描述的辐射与波长有关，不与人眼的视觉特性和光度量有关；

基尔霍夫定律只适用于温度辐射，对其他发光不成立。

2.2　黑体及其辐射定律

黑体辐射定律

2.2.1　黑体

所谓黑体一般指的是理想黑体（或绝对黑体），是一个抽象的或理想化的概念，现实中是不存在的。可以从以下几个方面认识：

（1）从理论上讲，是指在任何温度下能够全部吸收任何波长入射辐射的物体，即 $\alpha = 1$，全吸收，没有反射和透射。

（2）从结构上讲，封闭的等温空腔内的辐射是黑体辐射。一个开有小孔的空腔就是一个黑体的模型。如图 2.3 所示，在一个密封的空腔上开一个小孔，当一束入射辐射由小孔进入空腔后，在腔体表面上要经过多次反射，每反射一次，辐射就被吸收一部分，最后只有极少量的辐射从腔孔逸出。

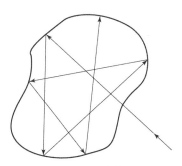

图 2.3　黑体模型

（3）从应用角度讲，如果把等温封闭空腔开一个小孔，则从小孔发出的辐射能够逼真地模拟黑体辐射。这种装置称为黑体炉。

现在我们来证明，密闭空腔中的辐射就是黑体的辐射。

如果在图 2.2 中，真空腔体中放置的物体 A 是黑体，则由式（2.6）得到

$$E_\lambda = M_{b\lambda} \tag{2.7}$$

即黑体的光谱辐射出射度等于空腔容器内的光谱辐射照度。而空腔在黑体上产生的光谱辐射照度可用大面源所产生的辐照公式 $E_\lambda = M_\lambda \sin^2\theta_0$ 求得。因为黑体对大面源空腔所张的半视场角 $\theta_0 = \pi/2$，则 $\sin^2\theta_0 = 1$，于是得到 $E_\lambda = M_\lambda$，即空腔在黑体上光谱辐射照度等于空腔的光谱辐射出射度。与式（2.7）联系，则可得到

$$M_\lambda = M_{b\lambda} \tag{2.8}$$

即密闭空腔的光谱辐射出射度等于黑体的光谱辐射出射度。所以，密闭空腔中的辐射即为黑体的辐射，而与构成空腔的材料的性质无关。

黑体的应用价值：

（1）标定各类辐射探测器的响应度；

（2）标定其他辐射源的辐射强度；

（3）测定红外光学系统的透射率；

（4）研究各种物质表面的热辐射特性；

（5）研究大气或其他物质对辐射的吸收或透射特性。

2.2.2　普朗克公式

普朗克公式是确定黑体辐射光谱分布的公式，也称为普朗克定律，在近代物理发展中占有极其重要的地位。普朗克关于微观粒子能量不连续的假设，首先用于普朗克公式的推导上，并得到了与实验一致的结果，从而奠定了量子论的基础，作出了一个巨大贡献。又由于普朗克公式解决了基尔霍夫定律所提出的普适函数的问题，因而普朗克公式是黑体辐射理论最基本的公式。

以波长为变量的黑体辐射普朗克公式为

$$M_{b\lambda} = \frac{c_1}{\lambda^5} \frac{1}{e^{c_2/(\lambda T)} - 1} \tag{2.9}$$

式中　　$M_{b\lambda}$——黑体的光谱辐射出射度（$W \cdot m^{-2} \cdot \mu m^{-1}$）；

　　　　c_1——第一辐射常数，$c_1 = 2\pi hc^2 = 3.741\ 8 \times 10^{-16}\ W \cdot m^2$；

　　　　c_2——第二辐射常数，$c_2 = hc/k = 1.438\ 8 \times 10^{-2}\ m \cdot K$；

　　　　c——真空光速，$c = 2.997\ 924\ 58 \times 10^8\ m/s$；

　　　　h——普朗克常数 $6.626\ 176 \times 10^{-34}\ J \cdot s$；

　　　　k——波尔兹曼常数 $1.38 \times 10^{-23}\ J/K$。

普朗克公式的意义可由 $M_{b\lambda} - \lambda$ 曲线说明，图 2.4 给出了温度在 $500 \sim 900\ K$ 范围的黑体光谱辐射出射度随波长变化的曲线，图中虚线表示 $M_{b\lambda}$ 取极大值的位置。

对图 2.4 所示曲线的说明（黑体的辐射特性）：

（1）$M_{b\lambda}$ 随波长连续变化，对应某一个温度就有一条的固定曲线。一旦温度确定，则 $M_{b\lambda}$ 在某波长处有唯一的固定值，每条曲线只有一个极大值。

（2）温度越高，$M_{b\lambda}$ 越大。曲线随黑体温度的升高而整体提高。在任意指定波长处，与较高温度对应的光谱辐射出射度也较大，反之亦然。因为每条曲线下包围的面积代表黑体在该温度下的全辐射出射度，所以上述特性表明黑体的全辐射出射度随温度的增加而迅速增大。

（3）每条曲线彼此不相交，故温度越高，在所有波长上的光谱辐射出射度也越大。随着温度 T 的升高，$M_{b\lambda}$ 的峰值波长向短波方向移动。

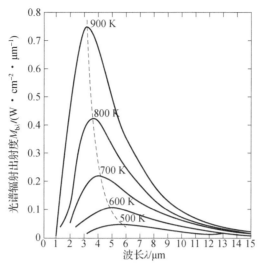

图 2.4　不同温度的黑体光谱辐射出射度曲线

（4）黑体的辐射特性只与其温度有关，与其他参数无关。

（5）黑体辐射亮度与观察角度无关。

（6）只要给定一个温度 T，则在某个波长处就对应一个 $M_{b\lambda}$，而其他物体的 $M_{\lambda T}/\alpha_{\lambda T} = M_{b\lambda T}$（基尔霍夫定律）也随之确定。黑体的辐射出射度是确定的，且只与温度有关，其他物体的辐射出射度可以根据基尔霍夫定律算出来，物体的辐射特性就一目了然了。

2.2.3　维恩位移定律

维恩位移定律是描述黑体光谱辐射出射度的峰值 $M_{\lambda m}$ 所对应的峰值波长 λ_m 与黑体绝对温度 T 的关系表示式。

在普朗克公式（2.9）中，令 $x = c_2/(\lambda T)$，则

$$M(x) = \frac{c_1 T^5}{c_2^5} \frac{x^5}{e^x - 1}$$

为求 x 为何值时 M 最大，应令 $\frac{\partial M}{\partial x} = 0$，即

$$\frac{\partial M}{\partial x} = \frac{c_1 T^5}{c_2^5} \frac{5x^4(e^x - 1) - x^5 e^x}{(e^x - 1)^2}$$

若上式为零，须要求

$$5x^4(e^x - 1) - x^5 e^x = 0$$

解此方程得

$$x = 4.965\ 114\ 2$$

即

$$c_2/(\lambda T) = 4.965\ 114\ 2$$

由此得到维恩位移定律的最后表示式为

$$\lambda_m T = b \tag{2.10}$$

式中，常数 $b = c_2/x = (2\ 898.8 \pm 0.4)\,\mu m \cdot K$。

维恩位移定律表明，黑体光谱辐射出射度峰值对应的波长与温度成反比，温度越高，辐

射峰值向短波方向移动。图 2.4 中的虚线，就是这些峰值的轨迹。应用意义：知道某一物体的温度，就知其辐射的峰值波长。例如由维恩位移定律可以计算出：人体（$T = 310$ K）辐射的峰值波长约为 9.4 μm；太阳（看作 $T = 6\,000$ K 的黑体）辐射的峰值波长约为 0.48 μm。可见，太阳辐射的 50% 以上功率是在可见光区和紫外区，而人体辐射几乎全部在红外区。

将维恩位移定律代入普朗克公式，可以得到

$$M_{b\lambda_m} = \frac{c_1}{\lambda_m^5} \frac{1}{e^{c_2/(\lambda_m T)} - 1} = BT^5 \tag{2.11}$$

式中，$B = 1.286\,7 \times 10^{-11}$ W·m^{-2}·μm^{-1}·K^{-5}。

该公式也称为维恩最大发射本领定律，描述了黑体光谱辐射出射度的峰值与温度的关系。公式表明，黑体的光谱辐射出射度峰值与绝对温度的 5 次方成正比，即随着温度的增加辐射曲线的峰值迅速提高。

2.2.4　斯蒂芬 – 玻尔兹曼定律

斯蒂芬 – 玻尔兹曼定律描述的是黑体的全辐射出射度与温度的关系。

利用普朗克公式对波长从 0 到 ∞ 积分可得

$$M_b = \int_0^\infty M_{b\lambda} d\lambda = \int c_1/\lambda^5 \cdot (e^{c_2/(\lambda T)} - 1)^{-1} d\lambda \tag{2.12}$$

令

$$x = c_2/(\lambda T)$$

则

$$\lambda = c_2/(xT)$$

$$d\lambda = -(c_2/(x^2 T)) dx$$

由于积分限 λ：$0 \sim \infty$，则 x：$\infty \sim 0$，于是

$$M_b = \int_\infty^0 \frac{c_1}{[c_2/(xT)]^2} (e^{\frac{c_1}{(c_2/(xT))T}} - 1)^{-1} \left(-\frac{c_2}{x^2 T}\right) dx$$

$$= \int_\infty^0 \left[-\frac{c_1}{c_2^4} x^3 T^4 (e^x - 1)^{-1}\right] dx$$

$$= -\frac{c_1}{c_2^4} T^4 \int_\infty^0 x^3 (e^x - 1)^{-1} dx$$

因为 $\int_0^\infty \frac{x^3}{e^x - 1} dx = \frac{\pi^4}{15}$，所以 $\int_\infty^0 \frac{x^3}{e^x - 1} dx = -\frac{\pi^4}{15}$，因此

$$M_b = \frac{c_1}{c_2^4} \frac{\pi^4}{15} T^4$$

令

$$\frac{c_1}{c_2^4} \frac{\pi^4}{15} = \sigma$$

则

$$M_b = \sigma T^4 \tag{2.13}$$

式中，$\sigma = 5.670\,32 \times 10^{-8}$ W·m^{-2}·K^{-4}。

此公式为斯蒂芬 – 玻尔兹曼定律，该定律表明，黑体的全辐射出射度与温度的四次方成

正比。图 2.4 中每条曲线下的面积，代表了该曲线对应黑体的全辐射出射度。可以看出，随温度的升高，曲线下的面积迅速增大。

至此，我们看到了黑体的好处：只要确定一个温度，黑体的其他辐射特性也就随之确定了。即温度 T 决定了 λ_m、$M_{b\lambda}$、M_b 等，并由此可推出黑体的其他辐射特性 I、L、Φ 等，进而可比较出其他物体的各种辐射特性，可见其应用意义是十分重要的。

2.3 黑体辐射的计算

根据普朗克公式进行有关黑体辐射量的计算时，往往感到很麻烦。为简化计算，可采用简易的计算方法。下面我们就介绍一种黑体辐射函数的计算方法。

2.3.1 黑体辐射函数表

目前，可供各种辐射计算的黑体辐射函数已不下几十种之多。这里介绍其中用得比较广泛又比较基本的两种函数，即 $f(\lambda T)$ 函数和 $F(\lambda T)$ 函数。用这些函数，可以计算在任意波长附近的黑体光谱辐射出射度 M_λ，也可以计算在任意波长间隔之内的黑体辐射出射度 $M_{\lambda_1 \sim \lambda_2}$。

1. $f(\lambda T)$ 表

$f(\lambda T)$ 表称为相对光谱辐射出射度函数表，是某温度下、某波长上的辐射出射度 M_λ 和该温度下峰值波长处的辐射出射度 M_{λ_m} 之比。

根据普朗克公式

$$M_{b\lambda} = \frac{c_1}{\lambda^5} \frac{1}{e^{c_2/(\lambda T)} - 1}$$

和维恩最大发射本领定律 $M_{b\lambda_m} = \dfrac{c_1}{\lambda_m^5} \dfrac{1}{e^{c_2/(\lambda_m T)} - 1} = BT^\delta$，所以可得

$$f(\lambda T) = \frac{M_\lambda}{M_{\lambda_m}} = \frac{\dfrac{c_1}{\lambda^5} \dfrac{1}{e^{c_2/(\lambda T)} - 1}}{BT^\delta} = \frac{c_1}{B\lambda^5 T^\delta} \frac{1}{e^{c_2/(\lambda T)} - 1} \tag{2.14}$$

若以 λT 为变量，则可以计算出每组 λT 值对应的函数 $f(\lambda T)$ 值，于是可构成 $f(\lambda T) - \lambda T$ 函数。这种函数的图解表示，如图 2.5 中的曲线（a）所示。

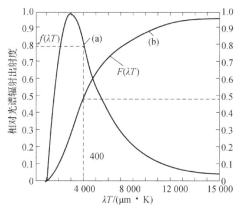

图 2.5 黑体通用曲线

当黑体的温度 T 已知时，对某一特定波长 λ，可计算出 λT 值，再由函数 $f(\lambda T)$ 计算出 $f(\lambda T)$ 值，最后可由下式计算出黑体的光谱辐射出射度

$$M_\lambda = f(\lambda T) M_{\lambda_m} = f(\lambda T) B T^5 \tag{2.15}$$

2. $F(\lambda T)$ 表

$F(\lambda T)$ 表称为相对辐射出射度函数表（无"光谱"），是某温度下、某波段的辐射出射度 $M_{0-\lambda}$ 和该温度下全辐射出射度 $M_{0-\infty}$ 之比。

将普朗克公式从 0 到某一波长 λ 积分，可得到从 0 到某波长 λ 的辐射出射度 $M_{0-\lambda}$，即

$$M_{0-\lambda} = \int_0^\lambda M_{b\lambda}\,d\lambda = \int_0^\lambda \frac{c_1}{\lambda^5} \frac{1}{e^{c_2/(\lambda T)} - 1}\,d\lambda$$

由斯蒂芬–玻尔兹曼定律 $M_{0-\infty} = \sigma T^4$，则

$$F(\lambda T) = \frac{M_{0-\lambda}}{M_{0-\infty}} = \frac{15}{\pi^4} \int_{\frac{c_2}{\lambda T}}^\infty \frac{[(c_2/(\lambda T))]^3\,d[c_2/(\lambda T)]}{e^{c_2/(\lambda T)} - 1} \tag{2.16}$$

对于给定的一系列 λT 值可以计算出相应的 $F(\lambda T)$。$F(\lambda T)$ 的图解表示，如图 2.5 中曲线（b）所示。利用 $F(\lambda T)$ 函数可得到从 0 到某波长 λ 的辐射出射度，即

$$M_{0-\lambda} = F(\lambda T) M_{0-\infty} = F(\lambda T) \sigma T^4 \tag{2.17}$$

则某一波段 $\lambda_1 \sim \lambda_2$ 之间的辐射出射度为

$$M_{\lambda_1 \sim \lambda_2} = M_{0-\lambda_2} - M_{0-\lambda_1} = [F(\lambda_2 T) - F(\lambda_1 T)] \sigma T^4 \tag{2.18}$$

表 2.1 所示为 $f(\lambda T)$ 函数表和 $F(\lambda T)$ 函数表。

表 2.1　$f(\lambda T)$ 函数表和 $F(\lambda T)$ 函数表

λT	$f(\lambda T) = f \times 10^{-q}$		$F(\lambda T) = F \times 10^{-p}$		λT	$f(\lambda T) = f \times 10^{-q}$		$F(\lambda T) = F \times 10^{-p}$	
	f	q	F	p		f	q	F	p
500	2.962 2	7	1.298 5	9	850	2.939 2	3	3.989 7	5
510	4.717 0	7	2.155 8	9	860	3.352 3	3	4.700 3	5
520	7.364 0	7	3.506 5	9	870	3.834 8	3	5.514 8	5
530	1.129 0	6	5.593 9	9	880	4.370 6	3	6.444 7	5
540	1.699 0	6	8.762 4	9	890	4.963 5	3	7.502 7	5
550	2.516 3	6	1.349 1	8	900	5.617 5	3	8.702 0	5
560	3.668 7	6	2.043 5	8	910	6.336 3	3	1.005 7	4
570	5.270 3	6	3.048 0	8	920	7.124 3	3	1.158 3	4
580	7.465 8	6	4.480 2	8	930	7.848 5	3	1.329 6	4
590	1.044 2	5	6.494 7	8	940	8.923 6	3	1.521 3	4
600	1.440 7	5	9.292 1	8	950	9.943 2	3	1.735 2	4
610	1.965 2	5	1.312 9	7	960	1.104 9	2	1.973 2	4
620	2.650 4	5	1.833 2	7	970	1.224 4	2	2.237 3	4
630	3.536 3	5	2.530 9	7	980	1.353 3	2	2.529 6	4
640	4.670 0	5	3.456 8	7	990	1.491 9	2	2.852 2	4

续表

λT	$f(\lambda T) = f \times 10^{-q}$		$F(\lambda T) = F \times 10^{-p}$		λT	$f(\lambda T) = f \times 10^{-q}$		$F(\lambda T) = F \times 10^{-p}$	
	f	q	F	p		f	q	F	p
650	6. 107 4	5	4. 673 3	7	1 000	1. 640 7	2	3. 207 5	4
660	7. 913 3	5	6. 256 5	7	1 050	2. 550 6	2	5. 558 1	4
670	1. 016 7	4	8. 298 2	7	1 100	3. 768 2	2	9. 111 7	4
680	1. 294 2	4	1. 090 9	6	1 150	5. 328 2	2	1. 423 8	3
690	1. 634 2	4	1. 421 9	6	1 200	7. 253 7	2	2. 134 1	3
700	2. 049 2	4	1. 838 4	6	1 250	9. 554 3	2	3. 084 1	3
710	2. 549 8	4	2. 358 4	6	1 300	1. 222 7	1	4. 316 2	3
720	3. 150 5	4	3. 003 2	6	1 350	1. 520 4	1	5. 871 9	3
730	3. 866 4	4	3. 797 0	6	1 400	1. 860 9	1	7. 790 0	3
740	4. 714 5	4	4. 767 9	6	1 450	2. 225 6	1	1. 010 6	2
750	5. 743 2	4	5. 948 0	6	1 500	2. 615 0	1	1. 285 0	2
760	6. 882 4	4	7. 373 6	6	1 550	3. 024 5	1	1. 604 7	2
770	8. 243 7	4	9. 086 0	6	1 600	3. 449 1	1	1. 971 8	2
780	9. 820 5	4	1. 113 1	5	1 650	3. 883 7	1	2. 387 8	2
790	1. 164 2	3	1. 356 1	5	1 700	4. 323 4	1	2. 853 3	2
800	1. 372 3	3	1. 643 3	5	1 750	4. 763 4	1	3. 368 8	2
810	1. 610 3	3	1. 981 2	5	1 800	5. 199 5	1	3. 934	2
820	1. 880 8	3	2. 376 6	5	1 850	5. 627 6	1	4. 548 7	2
830	2. 186 8	3	2. 837 4	5	1 900	6. 044 2	1	5. 210 7	2
840	2. 531 8	3	3. 372 0	5	1 950	6. 446 3	1	5. 919 4	2
2 000	6. 831 3	1	6. 672 8	2	5 500	4. 556 8	1	6. 908 8	1
2 050	7. 196 9	1	7. 468 8	2	5 600	4. 379 8	1	7. 010 2	1
2 100	7. 541 6	1	8. 305 1	2	5 700	4. 210 0	1	7. 107 6	1
2 150	7. 864 1	1	9. 179 3	2	5 800	4. 046 6	1	7. 201 3	1
2 200	8. 361 5	1	1. 008 9	1	5 900	3. 889 9	1	7. 291 3	1
2 250	8. 438 9	1	1. 103 1	1	6 000	3. 739 5	1	7. 377 9	1
2 300	8. 690 4	1	1. 200 3	1	6 100	3. 595 4	1	7. 461 1	1
2 350	8. 918 0	1	1. 300 2	1	6 200	3. 457 1	1	7. 541 1	1
2 400	9. 121 8	1	1. 402 5	1	6 300	3. 324 7	1	7. 618 0	1

λT	$f(\lambda T) = f \times 10^{-q}$		$F(\lambda T) = F \times 10^{-p}$		λT	$f(\lambda T) = f \times 10^{-q}$		$F(\lambda T) = F \times 10^{-p}$	
	f	q	F	p		f	q	F	p
2 450	9. 302 0	1	1. 507 1	1	6 400	3. 197 7	1	7. 692 0	1
2 500	9. 459 5	1	1. 613 5	1	6 500	3. 076 2	1	7. 763 2	1
2 550	9. 594 8	1	1. 721 6	1	6 600	2. 959 6	1	7. 831 6	1
2 600	9. 708 6	1	1. 836 2	1	6 700	2. 848 0	1	7. 897 5	1
2 650	9. 802 5	1	1. 941 9	1	6 800	2. 741 1	1	7. 960 9	1
2 700	9. 877 2	1	2. 053 5	1	6 900	2. 638 9	1	8. 022 0	1
2 750	9. 932 7	1	2. 165 9	1	7 000	2. 540 8	1	8. 080 7	1
2 800	9. 971 2	1	2. 278 9	1	7 100	2. 446 9	1	8. 137 3	1
2 850	9. 993 3	1	2. 392 1	1	7 200	2. 357 0	1	8. 191 8	1
2 900	1. 000 0	0	2. 505 6	1	7 300	2. 270 8	1	8. 244 3	1
2 950	9. 992 3	1	2. 619 0	1	7 400	2. 188 3	1	8. 294 4	1
3 000	9. 971 2	1	2. 732 2	1	7 500	2. 109 3	1	8. 343 6	1
3 050	9. 938 2	1	2. 845 2	1	7 600	2. 033 5	1	8. 390 6	1
3 100	9. 893 5	1	2. 957 7	1	7 700	1. 961 0	1	8. 436 0	1
3 150	9. 838 5	1	3. 069 7	1	7 800	1. 891 3	1	8. 479 7	1
3 200	9. 773 8	1	3. 180 9	1	7 900	1. 824 7	1	8. 521 8	1
3 250	9. 700 6	1	3. 291 4	1	8 000	1. 760 7	1	8. 562 5	1
3 300	9. 618 8	1	3. 401 0	1	8 100	1. 699 5	1	8. 601 7	1
3 350	9. 530 2	1	3. 509 6	1	8 200	1. 640 6	1	8. 639 6	1
3 400	9. 435 0	1	3. 617 2	1	8 300	1. 584 7	1	8. 676 2	1
3 450	9. 334 6	1	3. 723 7	1	8 400	1. 530 0	1	8. 711 5	1
3 500	9. 229 1	1	3. 829 0	1	8 500	1. 478 1	1	8. 745 7	1
3 550	9. 118 3	1	3. 933 1	1	8 600	1. 428 3	1	8. 778 6	1
3 600	9. 003 6	1	4. 035 9	1	8 700	1. 380 5	1	8. 810 5	1
3 650	8. 886 3	1	4. 137 4	1	8 800	1. 334 5	1	8. 841 3	1
3 700	8. 765 6	1	4. 237 6	1	8 900	1. 290 47	1	8. 871 1	1

λT	$f(\lambda T) = f \times 10^{-q}$		$F(\lambda T) = F \times 10^{-p}$		λT	$f(\lambda T) = f \times 10^{-q}$		$F(\lambda T) = F \times 10^{-p}$	
	f	q	F	p		f	q	F	p
3 750	8.642 6	1	4.336 3	1	9 000	1.247 9	1	8.899 9	1
3 800	8.517 1	1	4.433 7	1	9 100	1.207 3	1	8.927 7	1
3 850	8.390 3	1	4.529 6	1	9 200	1.168 1	1	8.954 7	1
3 900	8.262 2	1	4.624 1	1	9 300	1.130 0	1	8.980 8	1
3 950	8.132 8	1	4.717 1	1	9 400	1.094 3	1	9.006 0	1
4 000	8.002 6	1	438 086	1	9 500	1.059 6	1	9.030 4	1
4 100	7.741 8	1	4.987 2	1	9 600	1.026 0	1	9.054 1	1
4 200	7.481 2	1	5.160 0	1	9 700	9.938 6	2	9.077 0	1
4 300	7.222 5	1	5.326 8	1	9 800	9.628 5	2	9.099 2	1
4 400	6.967 0	1	5.487 8	1	9 900	9.330 7	2	9.120 7	1
4 500	6.671 6	1	5.643 0	1	10 000	9.044 1	2	9.141 6	1
4 600	6.469 8	1	5.792 6	1	10 200	8.501 6	2	9.181 4	1
4 700	6.229 7	1	5.936 7	1	10 400	7.998 0	2	9.218 8	1
4 800	5.995 9	1	6.075 4	1	10 600	7.530 1	2	9.254 0	1
4 900	5.768 8	1	6.208 8	1	10 800	7.095 4	2	9.287 2	1
5 000	5.548 8	1	6.337 2	1	11 000	6.690 9	2	9.318 5	1
5 100	5.336 1	1	6.460 7	1	11 200	6.314 3	2	9.348 0	1
5 200	5.130 3	1	6.579 4	1	11 400	5.963 2	2	9.375 8	1
5 300	4.932 0	1	6.693 6	1	11 600	5.635 8	2	9.402 1	1
5 400	4.740 1	1	6.803 3	1	11 800	5.330 1	2	9.427 0	1
12 000	5.044 5	2	9.450 5	1	16 000	1.902 5	2	2	1
12 200	4.777 5	2	9.472 8	1	16 200	1.821 9	2	2	1
12 400	4.527 6	2	9.493 9	1	16 400	1.745 4	2	2	1
12 600	4.293 6	2	9.513 9	1	16 600	1.672 9	2	2	1
12 800	4.074 4	2	9.532 9	1	16 800	1.604 0	2	2	1
13 000	3.868 7	2	9.550 9	1	17 000	1.538 7	2	2	1
13 200	3.675 7	2	9.568 0	1	17 200	1.476 6	2	2	1
13 400	3.494 4	2	9.584 3	1	17 400	1.417 6	2	2	1
13 600	3.324 0	2	9.599 8	1	17 600	1.361 5	2	2	1

续表

λT	$f(\lambda T)=f\times10^{-q}$		$F(\lambda T)=F\times10^{-p}$		λT	$f(\lambda T)=f\times10^{-q}$		$F(\lambda T)=F\times10^{-p}$	
	f	q	F	p		f	q	F	p
13 800	3.163 8	2	9.614 5	1	17 800	1.308 2	2	2	1
14 000	3.012 9	2	9.628 5	1	18 000	1.257 3	2	2	1
14 200	2.870 9	2	9.641 9	1	18 200	1.209 0	2	2	1
14 400	2.737 0	2	9.654 6	1	18 400	1.162 9	2	2	1
14 600	2.610 8	2	9.666 7	1	18 600	1.119 0	2	2	1
14 800	2.491 7	2	9.678 3	1	18 800	1.077 1	2	2	1
15 000	2.379 3	2	9.689 3	1	19 000	1.037 1	2	2	1
15 200	2.273 0	2	9.699 9	1	19 200	9.989 9	3	3	1
15 400	2.172 5	2	9.710 0	1	19 400	9.626 2	3	3	1
15 600	2.077 6	2	9.719 6	1	19 600	9.278 8	3	3	1
15 800	1.987 6	2	9.728 8	1	19 800	8.946 1	3	3	1
					20 000	8.627 1	3	3	1

2.3.2 计算举例

【例1】已知某黑体的温度 $T=1\,000$ K，求其峰值波长、光谱辐射出射度峰值、在 $\lambda=4$ μm 处的光谱辐射出射度、某一波段的辐射出射度。

（1）求峰值波长：

根据维恩位移定律可得 $\lambda_m=\dfrac{b}{T}=\dfrac{2\,898}{1\,000}=2.898(\mu m)$

（2）求光谱辐射出射度峰值：

根据维恩最大发射本领定律可得

$$M_{\lambda_m}=BT^5=1.286\,7\times10^{-11}\times(1\,000)^5=1.286\,7\times10^4(W\cdot m^{-2}\cdot\mu m^{-1})$$

（3）在 $\lambda=4$ μm 处的光谱辐射出射度为

$$M_\lambda=M_{4\,\mu m}=f(\lambda T)M_{\lambda_m}=f(\lambda T)BT^5$$

$$=f(4\times1\,000)\times1.286\,7\times10^4$$

$$=1.029\,7\times10^4(W\cdot m^{-2}\cdot\mu m^{-1})$$

（4）在 $\lambda=3\sim5$ μm 波段内的辐射出射度为

$$M_{3\sim5\,\mu m}=[F(5\times1\,000)-F(3\times1\,000)]\sigma T^4$$

$$=(0.633\,72-27\,322)\sigma T^4$$

$$=2.044\,1\times10^4(W/m^2)$$

【例2】已知人体的温度 $T=310$ K（假定人体的皮肤是黑体），求其辐射特性。

（1）其峰值波长为

$$\lambda_m = \frac{b}{T} = \frac{2\,898}{310} = 9.4\,(\mu m)$$

（2）全辐射出射度为

$$M = \sigma T^4 = 5.67 \times 10^{-8} \times 310^4 = 5.2 \times 10^2\,(W/m^2)$$

（3）处于紫外区，波长为 $0 \sim 0.4\ \mu m$ 的辐射出射度为

$$M_{0 \sim 0.4} = \left[F(0.4 \times 310) - 0 \right] \sigma T^4 \approx 0$$

（4）处于可见光区，波长为 $0.4 \sim 0.75\ \mu m$ 的辐射出射度为

$$M_{0.4 \sim 0.75} = \left[F(0.75 \times 310) - F(0.4 \times 310) \right] \sigma T^4 \approx 0$$

（5）处于红外区，波长为 $0.75 \sim \infty$ 的辐射出射度为

$$M_{0.75 \sim \infty} = \left[F(\infty \times 110) - F(0.75 \times 310) \right] \sigma T^4 \approx M$$

【例 3】　如太阳的温度 $T = 6\,000$ K 并认为是黑体，求其辐射特性。

（1）其峰值波长为

$$\lambda_m = \frac{b}{T} = \frac{2\,898}{6\,000} = 0.48\,(\mu m)$$

（2）全辐射出射度为

$$M = \sigma T^4 = 5.67 \times 10^{-8} \times 6\,000^4 = 7.3 \times 10^7\,(W/m^2)$$

（3）紫外区的辐射出射度为

$$M_{0 \sim 0.4} = \left[F(0.4 \times 6\,000) - 0 \right] \sigma T^4 = 0.14M$$

（4）可见光区的辐射出射度为

$$M_{0.4 \sim 0.75} = \left[F(0.75 \times 6\,000) - F(0.4 \times 6\,000) \right] \sigma T^4 = 0.42M$$

（5）红外区的辐射出射度为

$$M_{0.75 \sim \infty} = \left[F(\infty \times 6\,000) - F(0.75 \times 6\,000) \right] \sigma T^4 = 0.44M$$

2.4　发射率和实际物体的辐射

方向发射率

　　黑体只是一种理想化的物体，而实际物体的辐射与黑体的辐射有所不同。为了把黑体辐射定律推广到实际物体的辐射，下面引入一个叫作发射率的物理量，来表征实际物体的辐射接近于黑体辐射的程度。

黑体及非朗伯辐射体的各发射率间关系

　　物体的发射率（也叫作比辐射率）是指该物体在指定温度 T 时的辐射量与同温度黑体的相应辐射量的比值。很明显，此比值越大，表明该物体的辐射与黑体辐射越接近。并且，只要知道了某物体的发射率，利用黑体的基本辐射定律就可找到该物体的辐射规律，或可计算出其辐射量。

2.4.1　各种发射率的定义

1. 半球发射率

　　辐射体的辐射出射度与同温度下黑体的辐射出射度之比称为半球发射率，分为全量和光谱量两种。

　　半球全发射率定义为

$$\varepsilon_h = \frac{M(T)}{M_b(T)} \tag{2.19}$$

式中，$M(T)$ 为实际物体在温度 T 时的全辐射出射度，$M_b(T)$ 为黑体在相同温度下的全辐射出射度。

半球光谱发射率定义为

$$\varepsilon_{\lambda h} = \frac{M_\lambda(T)}{M_{\lambda b}(T)} \qquad (2.20)$$

式中，$M_\lambda(T)$ 为实际物体在温度 T 时的光谱辐射出射度，$M_{\lambda b}(T)$ 为黑体在相同温度下的光谱辐射出射度。

由式（2.6）和式（2.7）以及式（2.20），可以得到任意物体在温度 T 时的半球光谱发射率为

$$\varepsilon_{\lambda h}(T) = \alpha_\lambda(T) \qquad (2.21)$$

可见，任何物体的半球光谱发射率与该物体在同温度下的光谱吸收率相等。同理，可得出物体的半球全发射率与该物体在同温度下的全吸收率相等，即

$$\varepsilon_h(T) = \alpha(T) \qquad (2.22)$$

式（2.21）和式（2.22）是基尔霍夫定律的又一表示形式，即物体吸收辐射的本领越大，其发射辐射的本领也越大。

2. 方向发射率

方向发射率，也叫作角比辐射率或定向发射本领。辐射体的辐射亮度与同温度下黑体的辐射亮度之比称为方向发射率。θ 为 $0°$ 的特殊情况叫作法向发射率 ε_n。ε_n 也分为全量和光谱量两种。

方向全发射率定义为

$$\varepsilon(\theta) = \frac{L}{L_b} \qquad (2.23)$$

式中，L 和 L_b 分别是实际物体和黑体在相同温度下的辐射亮度。因为 L 一般与方向有关，所以 $\varepsilon(\theta)$ 也与方向有关。

方向光谱发射率定义为

$$\varepsilon_\lambda(\theta) = \frac{L_\lambda}{L_{\lambda b}} \qquad (2.24)$$

因为物体的光谱辐射亮度 L_λ 既与方向有关，又与波长有关，所以 $\varepsilon_\lambda(\theta)$ 是方向角 θ 和波长 λ 的函数。

从以上各种发射率的定义可以看出，对于黑体，各种发射率的数值均等于 1，而对于所有的实际物体，各种发射率的数值均小于 1。表 2.2 给出了几种常见材料的发射率。

表 2.2　几种常见材料的发射率

材料	温度/℃	发射率	材料	温度/℃	发射率
金属及其氧化物			其他材料		
铝：			砖：		
抛光板材	100	0.05	普通红砖	20	0.93
普通板材	100	0.09	碳：		
铬酸处理的阳极化板材	100	0.55	烛烟	20	0.95

续表

材料	温度/℃	发射率	材料	温度/℃	发射率
真空沉积的	20	0.04	表面挫平的石磨：	20	0.98
黄铜：			混凝土：	20	0.92
高度抛光的	100	0.03	玻璃：		
氧化处理的	100	0.61	抛光玻璃板	20	0.94
用 80# 粗金刚砂磨光的	20	0.20	漆：		
铜：			白漆	100	0.92
抛光的	100	0.05	退光黑漆	100	0.97
强氧化处理的	20	0.78	纸：		
金：			百胶膜纸	20	0.93
高度抛光的	100	0.02	熟石膏：		
铁：			粗涂层	20	0.91
抛光的铸件	40	0.21	砂：	20	0.90
氧化处理的铸件	100	0.64	人类的皮肤：	32	0.98
锈蚀严重的板材	20	0.69	土壤：		
镁：			干土	20	0.92
抛光的	20	0.07	含有饱和水的土	20	0.95
镍：			水：		
电镀抛光的	20	0.05	蒸馏水	20	0.96
电镀不抛光的	20	0.11	平坦的水	−10	0.96
氧化处理的	200	0.37	霜晶	−10	0.98
银：			雪	−10	0.85
抛光的	100	0.03	木材：		
不锈钢：			刨光的栋木	20	0.90
18 − 8 型抛光的	20	0.16			
18 − 8 型在 800 ℃ 下氧化处理的	60	0.85			
钢：					
抛光的	100	0.07			
氧化处理的	200	0.79			
锡：					
镀锡薄铁板	100	0.07			

2.4.2 物体发射率的一般变化规律

物体发射率的一般变化规律如下:

(1) 对于朗伯辐射体,3 种发射率即 ε_n、$\varepsilon(\theta)$ 和 ε_h 彼此相等。

对于电绝缘体,$\varepsilon_h/\varepsilon_n$ 在 $0.95 \sim 1.05$ 之间,其平均值为 0.98,对这种材料,在 θ 不超过 $65°$ 或 $70°$ 时,$\varepsilon(\theta)$ 与 ε_n 仍然相等。

对于导电体,$\varepsilon_h/\varepsilon_n$ 在 $1.05 \sim 1.33$ 之间,对大多数磨光金属,其平均值为 1.20,即半球发射率比法向发射率约大 20%,当 θ 超过 $45°$ 时,$\varepsilon(\theta)$ 与 ε_n 差别明显。

(2) 金属的发射率是较低的,但它随温度的升高而增高,并且当表面形成氧化层时,可以成 10 倍或更大倍数地增高。

(3) 非金属的发射率要高些,一般大于 0.8,并随温度的增加而降低。

(4) 金属及其他非透明材料的辐射,发生在表面几微米内,因此发射率是表面状态的函数,而与尺寸无关。据此,涂敷或刷漆的表面发射率是涂层本身的特性,而不是基层表面的特性。对于同一种材料,由于样品表面条件的不同,因此测得的发射率值会有差别。

(5) 介质的光谱发射率随波长变化而变化,如图 2.6 所示。在红外区域,大多数介质的光谱发射率随波长的增加而降低。在解释一些现象时,要注意此特点。例如,白漆和涂料 TiO_2 等在可见光区有较低的发射率,但当波长超过 3 μm 时,几乎相当于黑体。用它们覆盖的物体在太阳光下温度相对较低,这是因为它不仅反射了部分太阳光,而且几乎像黑体一样重新辐射所吸收的能量。而铝板在直接太阳光照射下,相对温度较高,这是由于它在 10 μm 附近有相当低的发射率,因此不能有效地辐射所吸收的能量。

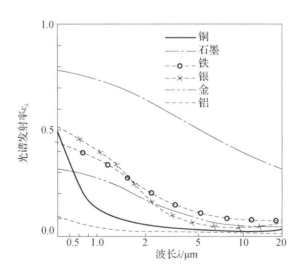

图 2.6　各种材料的光谱发射率

应该注意的是,不能完全根据眼睛的观察去判断物体发射率的高低。譬如对雪来说,雪的发射率是较高的。但是,根据眼睛的判断,雪是很好的漫反射体,或者说它的反射率高而吸收率低,即它的发射率低。其实,雪处在零摄氏度下的黑体峰值波长为 10.5 μm,且整个辐射能量的 98% 处于 $3 \sim 70$ μm 的波段内。而人眼仅对 0.5 μm 左右的波长敏感,不可能感觉到 10 μm 处的情况，所以眼睛的判断是无意义的。太阳可看作 6 000 K 的黑体，其峰值波长为 0.5 μm，且整个辐射能量的 98% 处于 0.15 ~ 3 μm 波段内，因此，被太阳照射的雪，吸收了 0.5 μm 波段的辐射能，而在 10 μm 的波段上重新辐射出去。

2.5 辐射效率和辐射对比度

2.5.1 辐射效率

从工程设计的角度看，人们往往感兴趣的是热辐射产生的效率。尽管大多数红外系统都是针对非合作目标设计的，如飞机、导弹、地面装备和人员的搜索系统等。但是，当考虑把系统用于两个合作装置时，如一架飞机与另一架加油机的合作，则系统可以由载在一个飞行器上的红外装置去搜索和跟踪另一个飞行器上所载的信标组成。此时系统设计的一个关键问题就是要有效地利用工作信标的极限功率。假定所研究的系统工作在单一的波长上，在信标所考虑的工作范围内输入功率转换成辐射通量的效率是常数，那么，问题就归结为恰当地选择信标的工作温度，以使系统工作效率最高。直观上来看，我们也许会认为：目标的工作温度可以通过维恩位移定律来选定，使其光谱分布曲线的峰值工作波长相一致。但是，从下面的讨论我们会看出，这样的温度选择，从工程设计的角度来看，并不是最佳的。

将辐射源的特定波长上的光谱辐射效率定义为

$$\eta = \frac{M_\lambda}{M} = \frac{c_1}{\lambda^5} \frac{1}{e^{c_2/(\lambda T)} - 1} \frac{1}{\sigma T^4} \tag{2.25}$$

这样，系统设计的问题就成为确定效率最高时所对应的温度。这可由 $d\eta/dT = 0$ 来确定，通过这样的数学运算可得

$$\frac{x e^x}{4} - e^x + 1 = 0$$

仍用逐次逼近的方法，得

$$x = \frac{c_2}{\lambda T} = 3.920\ 69$$

最后得到效率最高，波长与温度所满足的关系为

$$\lambda_e T_e = 3\ 669.73\ \mu m \cdot K \tag{2.26}$$

上式说明，对于辐射源辐射功率固定的情况，在指定波长 λ_e 处，存在一个最佳的温度，在此温度下，在 λ_e 上产生的辐射效率最高。

为了与维恩位移定律 $\lambda_m T_m = 2\ 898$ 相区别，式（2.26）给出的值称为工程最大值。对于同一波长，T_e 与 T_m 有以下关系：

$$T_e \approx \frac{3\ 669}{2\ 898} T_m = 1.266 T_m \tag{2.27}$$

可见，工程最大值的温度比维恩位移定律的最大值温度要高 26.6%。

上述两个温度的不同，可用热辐射治疗人体组织的例子来加以说明：皮肤在 1.1 μm 处是相对透明的，但是由于热效应限制了入射在皮肤上总辐射功率的大小，因此，在不超过皮肤所允许的总辐射功率的情况下，在 1.1 μm 上产生最大光谱辐射出射度的相应温

度是 2 630 K，在工程的最大值相应温度为 3 360 K，这样，工程最大值温度比维恩位移定律最大值温度在 1.1 μm 上产生的辐射出射度要高 11.6%，如图 2.7 所示。

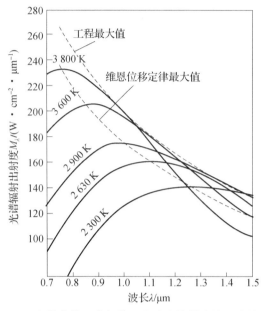

图 2.7　工程最大值温度与维恩位移定律最大值温度的比较

2.5.2　辐射对比度

用热像仪来观察背景中的目标，当目标和背景的温度近似相同或者说目标和背景的辐射出射度差别不大时，探测起来就很困难。为描述目标和背景辐射的差别，引入辐射对比度这个量。

辐射对比度定义为目标和背景辐射出射度之差与背景辐射出射度之比，即

$$C = \frac{M_{\mathrm{T}} - M_{\mathrm{B}}}{M_{\mathrm{B}}} \tag{2.28}$$

式中，M_{T} 为目标在 $\lambda_1 \sim \lambda_2$ 波长间隔的辐射出射度；M_{B} 为背景在 $\lambda_1 \sim \lambda_2$ 波长间隔的辐射出射度。

现在来讨论能否通过选择合适的系统光谱通带来获得最大的辐射对比度。下面的计算可回答这个问题。

首先计算波长从 $0 \sim \infty$ 全波带的对比度。设背景温度为 300 K，目标温度为 310 K，目标和背景均视为黑体。因为 $M = \sigma T^4$，所以 $\partial M / \partial T = 4\sigma T^3$，当 ΔT 很小时，有

$$C_{0 \sim \infty} = \frac{M_{\mathrm{T}} - M_{\mathrm{B}}}{M_{\mathrm{B}}} = \frac{\Delta M}{M} = \frac{(\partial M / \partial T) \Delta T}{M} = \frac{4\sigma T^3 \Delta T}{\sigma T^4} = \frac{4\Delta T}{T} = \frac{4 \times 10}{300} = 0.133$$

然后可以算出常用的两个波带 3.5 ~ 5 μm 和 8 ~ 14 μm 的对比度：$C_{3.5 \sim 5 \, \mu m} = 0.413$，$C_{8 \sim 14 \, \mu m} = 0.159$。根据以上计算的结果可以看出，3 种情况的对比度都比较差，且宽带的对比度比窄带的更差。

在表征热成像系统的性能时，常把光谱辐射出射度与温度的微分 $\partial M / \partial T$ 叫作热导数。因为在 $\mathrm{e}^{c_2 / (\lambda T)} \gg 1$ 的情况下，普朗克公式的热导数为

$$\frac{\partial M_\lambda}{\partial T} = \frac{\partial}{\partial T}\left[\frac{c_1}{\lambda^5}\frac{1}{e^{c_2/(\lambda T)}-1}\right] = \frac{c_1}{\lambda^5}\frac{e^{c_2/(\lambda T)}\dfrac{c_2}{\lambda T^2}}{[e^{c_2/(\lambda T)}-1]^2} \approx M_\lambda \frac{c_2}{\lambda T^2} \qquad (2.29)$$

所以，辐射出射度与温度的微分关系为

$$\frac{\Delta M_{\lambda_1 \sim \lambda_2}}{\Delta T} = \int_{\lambda_1}^{\lambda_2}\frac{\partial M_\lambda}{\partial T}\mathrm{d}\lambda = \int_{\lambda_1}^{\lambda_2} M_\lambda \frac{c_2}{\lambda T^2}\mathrm{d}\lambda \qquad (2.30)$$

因为对比度对温度的变化率与 $\Delta M_{\lambda_1 \sim \lambda_2}/\Delta T$ 相对应，所以为求得对比度，只要求得 $\Delta M_{\lambda_1 \sim \lambda_2}/\Delta T$ 即可。表 2.3 给出了常用波带在几种温度下的 $\Delta M_{\lambda_1 \sim \lambda_2}/\Delta T$ 值。

图 2.8 给出了 $\partial M_\lambda/\partial T - \lambda T$ 关系曲线。从图中可以看出，曲线有一峰值。可以采用推导维恩位移定律的方法求得光谱辐射出射度变化率的峰值波长 λ_c 与绝对温度 T 的关系为

$$\lambda_c T = 2\,411 \qquad (2.31)$$

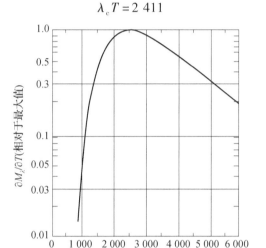

图 2.8 $\partial M_\lambda/\partial T - \lambda T$ 关系曲线

由于辐射的峰值波长 λ_m 满足 $\lambda_m T = 2\,898\ \mu m \cdot K$，因此最大对比度的波长 λ_c 与辐射峰值波长 λ_m 的关系满足

$$\lambda_c = \frac{2\,411}{2\,898}\lambda_m = 0.832\lambda_m \qquad (2.32)$$

300 K 是通常地面背景的温度，其 λ_c 近似为 8 μm，所以，在不考虑其他因素的情况下，热像仪观察地面目标时，采用 8 ~ 14 μm 波段最为理想。

表 2.3 几种波段的 $\Delta M_{\lambda_1 \sim \lambda_2}/\Delta T$ 值

波段		$\dfrac{\Delta M_{\lambda_1 \sim \lambda_2}}{\Delta T} = \int_{\lambda_1}^{\lambda_2}\dfrac{\partial M_\lambda}{\partial T}\mathrm{d}\lambda/(\mathrm{W}\cdot\mathrm{m}^{-2}\cdot\mathrm{K}^{-1})$			
$\lambda_1/\mu m$	$\lambda_2/\mu m$	$T = 280\ \mathrm{K}$	$T = 290\ \mathrm{K}$	$T = 300\ \mathrm{K}$	$T = 310\ \mathrm{K}$
3	5	1.10×10^{-1}	1.54×10^{-1}	2.10×10^{-1}	2.81×10^{-1}
3	5.5	2.10×10^{-1}	2.73×10^{-1}	3.62×10^{-1}	4.72×10^{-1}
3.5	5	1.06×10^{-1}	1.47×10^{-1}	2.00×10^{-1}	2.65×10^{-1}

续表

波段		$\dfrac{\Delta M_{\lambda_1-\lambda_2}}{\Delta T} = \displaystyle\int_{\lambda_1}^{\lambda_2} \dfrac{\partial M_\lambda}{\partial T}\mathrm{d}\lambda/(\mathrm{W}\cdot\mathrm{m}^{-2}\cdot\mathrm{K}^{-1})$			
$\lambda_1/\mu m$	$\lambda_2/\mu m$	$T=280\ \mathrm{K}$	$T=290\ \mathrm{K}$	$T=300\ \mathrm{K}$	$T=310\ \mathrm{K}$
3.5	5.5	1.97×10^{-1}	2.66×10^{-1}	3.52×10^{-1}	4.57×10^{-1}
4	5	9.18×10^{-2}	1.26×10^{-1}	1.69×10^{-1}	2.23×10^{-1}
4	5.5	1.83×10^{-1}	2.45×10^{-1}	3.22×10^{-1}	4.14×10^{-1}
8	10	8.47×10^{-1}	9.65×10^{-1}	1.09	1.21
8	12	1.58	1.77	1.97	2.17
8	14	2.15	2.38	2.62	2.86
10	12	7.341×10^{-1}	8.08×10^{-1}	8.81×10^{-1}	9.55×10^{-1}
10	14	1.30	1.42	1.53	1.65×10^{-1}
12	14	5.67×10^{-1}	6.10×10^{-1}	6.52×10^{-1}	6.92×10^{-1}

本章小结

本章主要介绍了基尔霍夫定律、黑体及其辐射定律、实际物体发射率等基本概念及其应用，举例说明了利用黑体辐射函数表计算黑体及实际物体的辐射量方法，还给出了辐射效率和辐射对比度的基本概念及应用。

本章习题

1. 在室温，绿色玻璃强烈地吸收红光，但是辐射出的红光却很少，这是否违反基尔霍夫定律？

2. 普朗克公式说明的是什么规律？有何意义？

3. 什么是吸收本领和发射本领？它们之间的关系如何？

4. 简述普雷夫定则小实验。

5. 从理论和结构两方面论述什么是黑体，并说明黑体的主要作用。

6. 一个不透明的平面上接收到一束辐射后，一般分为哪几个部分？它们之间的关系如何？

7. 简述物体发射率的基本定义，并解释什么是半球发射率，什么是方向发射率，举例说明发射率都与哪些因素有关。

8. 当黑体温度为 1 000 K 时，试计算：

（1）黑体辐射的峰值波长；

（2）黑体的最大辐射出射度；

（3）黑体的全辐射出射度。

9. 已知太阳常数为 135 mW/cm²，并假设太阳的辐射接近于黑体辐射，试求太阳的表面温度。已知太阳的直径为 1.392×10^9 m，平均日地距离为 1.496×10^{11} m。

10. 已知黑体温度为 350 K，试求：

（1）在 3～5 μm 波段的辐射出射度；

（2）在 8～14 μm 波段的辐射出射度；

（3）在波长 10 μm 处的光谱辐射出射度；

（4）8～14 μm 波段的辐射占全辐射的比例。

11. 如果太阳的表面温度约为 5 762 K，半径为 6.96×10^5 km，火星与太阳的平均距离为 2.77×10^8 km，若把太阳看作黑体，求在火星上产生的平均辐射照度。

12. 热核爆炸中火球的瞬间温度达 10^7 K，如果按黑体辐射理论处理，试计算：

（1）辐射的峰值波长；

（2）辐射亮度。

13. 某型号喷气式飞机，单个尾喷口直径为 50 cm，尾喷口等效为发射率为 0.9 的灰体，尾喷口里的温度为 700 K，试求：

（1）单个尾喷口的辐射出射度；

（2）单个尾喷口的辐射亮度；

（3）如果 4 台发动机全部处于视场之内，假设平均大气透射率为 0.7，则 4 个尾喷口的有效辐射强度为多少？

14. 已知飞机尾喷口的辐射出射度为 2 W/cm²，如果它等效于发射率为 0.9 的灰体，飞机尾喷口的直径为 60 cm，试求在与喷口相距为 6 km 处用直径为 30 cm 的光学系统所接收的辐射通量（已知平均大气透射率为 0.8）。

15. 某型号坦克经过一段时间开启后，其表面温度为 400 K，有效辐射面积为 1 m²，假设其蒙皮发射率为 0.9，试求：

（1）辐射的峰值波长；

（2）最大辐射出射度；

（3）4～13 μm 波段的辐射出射度；

（4）全辐射出射度；

（5）全辐射通量；

（6）3～20 μm 的辐射占总辐射的比例。

16. 猎户星中左角最大的一颗星的亮度是太阳亮度的 17 000 倍，如果太阳表面的温度为 6 000 K，试计算该星的表面温度。

17. 某型号飞机单个尾喷口有效发射率为 ε，喷口面积为 A，工作温度为 T，在与轴线成 θ 角的方向上探测器看到 n 台发动机，试计算在波长 $\lambda_1 \sim \lambda_2$ 的范围内探测器所观察到的辐射亮度。

第 3 章

红外辐射源

自然界的所有物质都会发出红外辐射，是天然的辐射源。人们为了达到某些应用目的而制作的辐射源称为人工辐射源。这些辐射源在红外技术的应用中起着非常重要的作用。本章主要介绍红外辐射的基本定理、黑体辐射的基本原理和常用辐射源的实际应用。

 学习目标

掌握红外辐射的基本定理；掌握利用空腔辐射理论计算实际物体发射率的基本方法；掌握各种辐射源的应用。

 本章要点

（1）红外辐射的基本定理；
（2）空腔辐射理论及不同腔型发射率计算的基本方法；
（3）各种辐射源的应用等。

3.1 红外辐射的基本定理

各种物体的红外辐射是自然界普遍存在并在红外技术当中广泛应用的红外辐射源，因此，对红外辐射基本规律的研究，是红外物理学与红外技术得到应用的重要基础之一。本节将讨论红外辐射的巴特利特（Bartlett）定理、萨姆普纳（Sumpner）定理、沃尔什（Walsh）定理和亥姆霍兹（Helmholtz）互易定理。在这些基本规律和理论计算方法的基础上，讲述红外辐射热传递与热交换的基本规律。

3.1.1 巴特利特定理

1. 广义巴特利特定理

辐射亮度为 L 的任意辐射朗伯曲面 S，照射到曲面外的任意一点的辐射通量的大小，与曲面 S 的形状无关，而只与其周界有关。

如图 3.1 所示，在曲面 S 上围绕任意一点 P 取一个小面元 dS，被其照射的曲面外任一点 O，所在平面为 dS'。

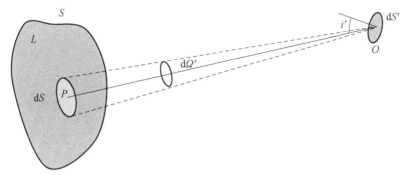

图 3.1　广义巴特利特定理证明用图

在物理上必须把点的概念理解为一个半径为 a 的充分小的球，因此，从任一方向看此小球时，其横截面均等于

$$dS'\cos i' = \pi a^2 \tag{3.1}$$

式中，i' 是 PO 连线与 dS' 的法线之间的夹角。根据立体角投影定律，dS 投射到 O 处的辐射照度为

$$E = L d\Omega' \cos i' \tag{3.2}$$

式中，$d\Omega'$ 是 dS 对 O 点所张的立体角。则 O 点所接收的辐射通量为

$$d\phi = E dS' = L d\Omega' \cos i' dS' = L d\Omega' \pi a^2 \tag{3.3}$$

积分得到 S 在 O 点的辐射通量

$$\phi = \int d\phi = \pi a^2 L \int d\Omega' \tag{3.4}$$

由于立体角的积分与面积的形状无关，而只与周界相对于点 O 所限制的空间范围有关，则定理得证。

2. 狭义巴特利特定理

由半径为 R、长为 l 的圆筒内壁照射到与其共轴的半径为 $r(r \leqslant R)$ 的圆盘 C 上的辐射通量等于圆筒 a、b 两端的两个圆盘照到圆盘 C 上的辐射通量之差。狭义巴特利特定理证明用图如图 3.2 所示。

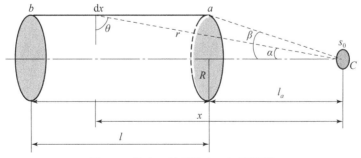

图 3.2　狭义巴特利特定理证明用图

因为 a、b 两端的圆盘相当于圆形扩展朗伯面，因此，我们先来讨论圆形扩展朗伯面产生的照度。面积为 S 的圆形扩展朗伯面如图 3.3 所示。

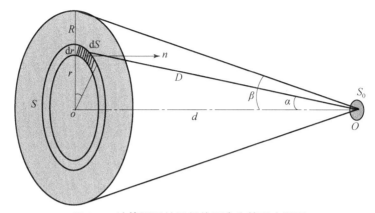

图3.3　计算圆形扩展朗伯面产生的照度用图

由图3.3中的几何关系可知

$$r = d\tan\alpha;\quad d = D\cos\alpha \tag{3.5}$$

因此有

$$\mathrm{d}r = \frac{d}{\cos^2\alpha}\mathrm{d}\alpha = \frac{D}{\cos\alpha}\mathrm{d}\alpha \tag{3.6}$$

由图3.3中的几何关系还可以得到，面积元

$$\mathrm{d}S = r\mathrm{d}\phi \cdot \mathrm{d}r \tag{3.7}$$

将式（3.5）和式（3.6）代入式（3.7）得到

$$\mathrm{d}S = D\cos\alpha\tan\alpha\mathrm{d}\phi\frac{D}{\cos\alpha}\mathrm{d}\alpha = D^2\tan\alpha\mathrm{d}\phi\mathrm{d}\alpha \tag{3.8}$$

面积元 $\mathrm{d}S$ 对 o 点所张的立体角为

$$\mathrm{d}\Omega = \frac{\mathrm{d}S\cos\alpha}{D^2} = \frac{D^2\tan\alpha\mathrm{d}\phi\mathrm{d}\alpha\cos\alpha}{D^2} = \sin\alpha\mathrm{d}\phi\mathrm{d}\alpha \tag{3.9}$$

因此，面积元 $\mathrm{d}S$ 在 o 点产生的照度为

$$\mathrm{d}E = L\mathrm{d}\Omega\cos\alpha = L\sin\alpha\cos\alpha\mathrm{d}\phi\mathrm{d}\alpha \tag{3.10}$$

因此，得到大朗伯面产生的辐射照度为

$$E = L\int_0^{2\pi}\mathrm{d}\phi\int_0^{\beta}\sin\alpha\cos\alpha\mathrm{d}\alpha = 2\pi L\int_0^{\beta}\sin\alpha\mathrm{d}\sin\alpha = \pi L\sin^2\beta \tag{3.11}$$

根据式（3.11），并结合图3.2得到，圆盘 C 从 a、b 两个底面接收的辐射通量为

$$\phi_a = E_a S_0 = \pi L\frac{R^2}{R^2 + l_a^2}S_0 \tag{3.12}$$

$$\phi_b = E_b S_0 = \pi L\frac{R^2}{R^2 + (l + l_a)^2}S_0 \tag{3.13}$$

则圆盘 C 从 a、b 两个底面接收的辐射通量差为

$$\phi_a - \phi_b = \pi L S_0\left[\frac{R^2}{R^2 + l_a^2} - \frac{R^2}{R^2 + (l + l_a)^2}\right] \tag{3.14}$$

为了求出圆盘 C 从圆筒内壁接收的辐射通量，在距圆盘 C 为 x 处取宽度为 $\mathrm{d}x$ 的小环带，则小环带的面积为

$$\mathrm{d}S = 2\pi R\mathrm{d}x \tag{3.15}$$

因此，圆盘 C 从小环带接收的辐射通量为

$$\mathrm{d}\phi = L\mathrm{d}\Omega\cos\alpha \cdot S_0 = L\frac{2\pi R\mathrm{d}x\cos\theta}{r^2}\cos\alpha \cdot S_0 \qquad (3.16)$$

由图 3.2 中几何关系知

$$\cos\theta = R/r, \quad \cos\alpha = x/r, \quad r = \sqrt{x^2 + R^2} \qquad (3.17)$$

则式（3.16）可改写为

$$\mathrm{d}\phi = 2\pi L S_0 R^2 \frac{x\mathrm{d}x}{(x^2 + R^2)^2} \qquad (3.18)$$

将式（3.18）积分得

$$\phi = \int_{l_a}^{l+l_a}\mathrm{d}\phi = \int_{l_a}^{l+l_a}2\pi L S_0 R^2 \frac{x\mathrm{d}x}{(x^2 + R^2)^2} = \pi L S_0 R^2 \frac{-1}{x^2 + R^2}\bigg|_{l_a}^{l+l_a}$$

$$= \pi L S_0 R^2 \left[\frac{1}{R^2 + l_a^2} - \frac{1}{R^2 + (l + l_a)^2}\right] \qquad (3.19)$$

式（3.19）与式（3.14）相同，因此狭义巴特利特定理得到证明。

3.1.2 萨姆普纳定理

在球形漫反射空腔内，球面 S' 从球面 S 所接收的辐射通量与 S 和 S' 在球壁上的相对位置无关。图 3.4 所示为萨姆普纳定理证明用图。

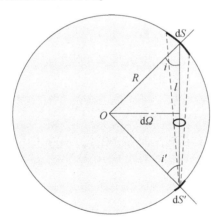

图 3.4 萨姆普纳定理证明用图

根据余弦发射体面元之间的辐射能传递公式，从辐射亮度为 L 的面元 $\mathrm{d}S$ 照射到面元 $\mathrm{d}S'$ 上的辐射通量为

$$\mathrm{d}\phi = L\mathrm{d}\Omega\cos i'\mathrm{d}S' = L\frac{\mathrm{d}S\cos i}{l^2}\cos i'\mathrm{d}S' \qquad (3.20)$$

因为 $i = i'$，$l = 2R\cos i$，所以

$$\mathrm{d}\phi = L\mathrm{d}S\mathrm{d}S'\frac{\cos^2 i}{l^2} = \frac{L}{4R^2}\mathrm{d}S\mathrm{d}S' \qquad (3.21)$$

上式表明，辐射通量与 $\mathrm{d}S$ 和 $\mathrm{d}S'$ 的相对位置无关，则作为 $\mathrm{d}S$ 和 $\mathrm{d}S'$ 的积分 S 和 S' 也具有同样性质，即

$$\phi = \frac{L}{4R^2}SS' \tag{3.22}$$

这就是萨姆普纳定理的数学表达式，因此，定理得到证明。

3.1.3 沃尔什定理

在由两个圆盘确定的球面内，半径为 r_1 的圆盘 a 从半径为 r_2 的同轴圆盘 b 接收的辐射通量，等价于与它们相应的球面 S 从球面 S' 接收的辐射通量。图 3.5 是沃尔什定理证明用图。

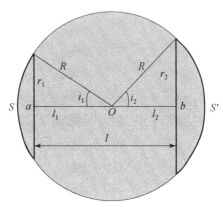

图 3.5　沃尔什定理用图

1. 定性证明

根据广义巴特利特定理，一方面，由于圆盘 a 和球面 S 具有相同的周界，因此，由它们发出并到达圆盘 b 的辐射通量是相等的。

另一方面，根据辐射的交换性质，可以把由圆盘 a 到圆盘 b 的辐射传递等价地看作由圆盘 b 以相同的辐射亮度辐射到圆盘 a 的辐射通量。

又因为圆盘 b 和球面 S' 具有相同的周界，因此，由它们以相同的辐射亮度辐射到圆盘 a 的辐射通量必然是相等的。

2. 定量证明

根据式（3.22），即由萨姆普纳定理得知，从圆盘 b 以辐射亮度 L 照射到圆盘 a 的辐射通量为 $\phi = LSS'/(4R^2)$，由球冠的面积公式得

$$S = 2\pi R^2(1 - \cos i_1); \quad S' = 2\pi R^2(1 - \cos i_2) \tag{3.23}$$

因此，辐射通量

$$\phi = \frac{L}{4R^2}4\pi^2 R^4(1 - \cos i_1)(1 - \cos i_2) = L\pi^2 R^2(1 - \cos i_1 - \cos i_2 + \cos i_1 \cos i_2) \tag{3.24}$$

由图 3.5 可知

$$\cos i_1 = l_1/R, \quad \cos i_2 = l_2/R \tag{3.25}$$

于是式（3.24）可以改写为

$$\phi = L\pi^2 R^2\left(1 - \frac{l_1}{R} - \frac{l_2}{R} + \frac{l_1 l_2}{R^2}\right) = \pi^2 L(R^2 - lR + l_1 l_2) \tag{3.26}$$

根据图 3.5 中的几何关系得到

$$R^2 = l_1^2 + r_1^2 = l_2^2 + r_2^2 \tag{3.27}$$

则有

$$2R^2 = l_1^2 + r_1^2 + l_2^2 + r_2^2 = l^2 - 2l_1 l_2 + r_1^2 + r_2^2 \tag{3.28}$$

所以

$$2(R^2 + l_1 l_2) = l^2 + r_1^2 + r_2^2 \tag{3.29}$$

式（3.26）可以改写为

$$\phi = \pi^2 L (l^2 + r_1^2 + r_2^2 - 2lR)/2 \tag{3.30}$$

再根据图 3.5 中的几何关系得到

$$\sqrt{R^2 - r_1^2} + \sqrt{R^2 - r_2^2} = l \Rightarrow 2lR = \sqrt{(l^2 + r_1^2 + r_2^2)^2 - 4r_1 r_2} \tag{3.31}$$

则式（3.30）可改写为

$$\phi = \pi^2 L (l^2 + r_1^2 + r_2^2 - \sqrt{(l^2 + r_1^2 + r_2^2)^2 - 4r_1 r_2})/2 \tag{3.32}$$

式（3.32）就是沃尔什定理确定的辐射通量。当圆盘半径 r_1、$r_2 \ll l$ 时，式（3.32）可以简化，令

$$z = l^2 + r_1^2 + r_2^2 \tag{3.33}$$

则式（3.32）可改写为

$$\begin{aligned}
\phi &= \pi^2 L (z - \sqrt{z^2 - 4r_1 r_2})/2 = \pi^2 L \left(z - z\sqrt{1 - \frac{4r_1 r_2}{z^2}} \right) \Big/ 2 \\
&= \pi^2 L \left[z - z\left(1 - \frac{4r_1 r_2}{2z^2}\right) \right] \Big/ 2 = \frac{\pi^2 L r_1 r_2}{z} = \frac{\pi^2 L r_1 r_2}{l^2 + r_1^2 + r_2^2}
\end{aligned} \tag{3.34}$$

式（3.34）就是著名的平方反比定律。

3.1.4　亥姆霍兹互易定理

1. 两个物体之间经另外物体的反射效应进行的辐射传递（间接辐射传递）

间接辐射传递如图 3.6 所示。

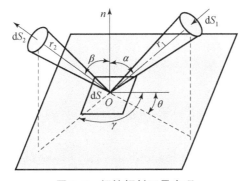

图 3.6　间接辐射互易定理

设面元 dS_1 和 dS_2 分别垂直于辐射的传播方向 r_1 和 r_2，而 r_1 和 r_2 相交于平坦反射面元 dS 上的某点 O，则从 dS_1 向 dS 的辐射通量为

$$\phi_1 = L(T_1, \alpha) d\Omega_1 \cos\alpha dS = L(T_1, \alpha)\frac{dS_1}{r_1^2}\cos\alpha dS \tag{3.35}$$

这个辐射通量经 dS 被反射到 dS_2 的部分为

$$\phi_{1\rightarrow 2} = R_1\phi_1 d\Omega_2 = R_1L_1(T_1,\alpha)\frac{dS_1}{r_1^2}\cos\alpha dS\frac{dS_2}{r_2^2} \tag{3.36}$$

同样，dS_2 经 dS 被反射到 dS_1 的辐射通量为

$$\phi_{2\rightarrow 1} = R_2L_2(T_2,\beta)\frac{dS_2}{r_2^2}\cos\beta dS\frac{dS_1}{r_1^2} \tag{3.37}$$

R_1 和 R_2 是两种不同入射时 dS 表面的反射率，它们与 α、β、θ、γ 有关。如果面元 dS_1 和 dS_2 是温度恒定的同一个物体上的两个不同部分，则应当有 $L_1 = L_2 = L$。因此，在热平衡时必然有：$\phi_{1\rightarrow 2} = \phi_{2\rightarrow 1}$。由式（3.36）和式（3.37）得到

$$R_1\cos\alpha = R_2\cos\beta \tag{3.38}$$

如果 dS 面是理想的反射镜面，当 $\alpha = \beta$ 时得到

$$R_1 = R_2 \tag{3.39}$$

式（3.38）和式（3.39）称为亥姆霍兹互易定理。

2. 两个物体之间进行的直接辐射传递

直接辐射传递如图 3.7 所示。

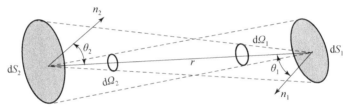

图 3.7　直接辐射互易定理

从 dS_1 向 dS_2 的辐射通量为

$$\phi_{1\rightarrow 2} = L(\lambda,T_1,\theta_1)d\Omega_2\cos\theta_2 dS_2 = L(\lambda,T_1,\theta_1)\frac{dS_1\cos\theta_1}{r^2}\cos\theta_2 dS_2 \tag{3.40}$$

从 dS_2 向 dS_1 的辐射通量为

$$\phi_{2\rightarrow 1} = L(\lambda,T_2,\theta_2)d\Omega_1\cos\theta_1 dS_1 = L(\lambda,T_2,\theta_2)\frac{dS_2\cos\theta_2}{r^2}\cos\theta_1 dS_1 \tag{3.41}$$

从 dS_1 向 dS_2 的传递的净辐射通量为

$$\begin{aligned}\phi_{1\rightarrow 2净} &= \alpha_2\varepsilon_1\phi_{1\rightarrow 2} - \alpha_1\varepsilon_2\phi_{2\rightarrow 1}\\&= \frac{1}{r^2}\left[\alpha_2\varepsilon_1 L(\lambda,T_1,\theta_1) - \alpha_1\varepsilon_2 L(\lambda,T_2,\theta_2)\right]dS_1\cos\theta_1 dS_2\cos\theta_2\end{aligned} \tag{3.42}$$

式中，α_1、ε_1 和 α_2、ε_2 分别是两个物体的吸收率和发射率。对于有限大小的两个物体之间的总辐射传递，需要将式（3.42）对波长和面积元积分。若尽可能利用太阳能，就要使物体的吸收率大于发射率，即 $\alpha_2 > \varepsilon_2$。反之则相反。太阳可以看作是 $T = 6\,000$ K 的黑体，$\alpha_1 = \varepsilon_1 = 1$，而 $\cos\theta_1 \approx 1$。因此，物体表面涂层的 α/ε 值十分重要。表 3.1 是部分光谱选择性材料的 α/ε 值。

表 3.1　部分光谱选择性材料的 α/ε 值

涂层材料	α/ε	涂层材料	α/ε
真空沉积的 Pb/Al/Al（底）	$60 \sim 40$	沉积、四氧化三钴 Co_3O_4/Ag	3.3
真空沉积的 SiO/Al/SiO/Al/玻璃	40	涂刷 FeO_3 + 硅胶 + 硅酸盐	$3.2 \sim 3.1$
溅射的碳化铬/Cu（底）	40	涂刷碲化镉 CdTe + 聚丙二醇酯/Al	1.3
溅射的碳化铁/Cu（底）	40	Cr_2O_3 涂料	1.1
真空沉积的 SiO/Ge/Al/玻璃	37.5	阳极化的铝	0.19
电镀、氧化的 CuO_x/Al	$9.0 \sim 7.7$	灰色 TiO_2	1
喷涂 CuO/Al	8.4	白色 TiO_2	0.2

3.2　黑体辐射源

3.2.1　黑体炉的用途和分类

在一个等温的封闭腔内的辐射就是黑体辐射，如果把等温封闭腔开一个小孔，从小孔发出的辐射就逼真地模拟了黑体辐射，这种模拟装置称为黑体炉，即黑体辐射源。

1. 黑体炉的用途

（1）标定各种类型的辐射探测器的响应率。

（2）标定其他辐射源的辐射强度。

（3）测定红外光学系统的透射率。

（4）研究各种物质表面的热辐射特性。

（5）研究大气或其他物质对辐射的吸收或透射性能。

2. 黑体炉的类型

表 3.2 为黑体炉的分类。

表 3.2　黑体炉的分类

按照光阑或腔体开口口径分类			
类型	大型	中型	小型
口径	$\phi \geqslant 100$ mm	$\phi \approx 30$ mm	$\phi \leqslant 10$ mm
按照工作温度区分类			
类型	高温	中温	低温
温度范围	1 000 K 以上	$500 \sim 1\ 000$ K	500 K 以下
波段范围	NIR	MIR	FIR

3.2.2　黑体炉的基本结构

图 3.8 为典型黑体炉的基本结构。

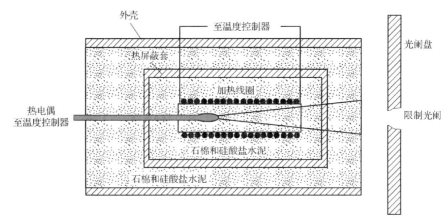

图3.8　典型黑体炉的基本结构

腔型的选择
和腔芯材料

3.2.3　腔型的选择和腔芯材料

1. 腔型的选择

一般考虑选用圆锥、圆柱或球形腔体。根据古费（Gouffé）理论，对于给定的 l/R 值，球形腔的有效发射率最大，但是球形腔体难以加工制作，也不易均匀加热。圆柱和圆锥形腔体，相对球形腔体而言，比较容易制造和均匀加热。大多数黑体型辐射源，取 $l/R \geq 6$。增加 l/R 值可以提高有效发射率，但 l/R 值太大就会造成均匀加热困难。

2. 对腔芯材料加热的要求

做成腔体的材料称为腔芯。理想的腔芯应满足3个要求：①具有高的导热率，以减少腔壁的温度梯度；②在使用温度范围内（尤其在高温时），要有好的抗氧化能力和氧化层不易脱落的性能；③材料的表面发射率要高。

能满足上述所有要求的材料并不多，所以一般采取一些折中。对于1 400 K 以上的腔芯，常用石墨或陶瓷制作。在1 400 K 以下，一般用金属制作，其中最好是用铬镍（18 − 8系列）不锈钢，它有良好的导热率。加热到300 ℃后，则表面变暗，发射率可增加到0.5；用铬酸和硫酸处理表面后，发射率可达0.6；将表面加热到800 ℃后，则表面形成一层发射率为0.85的稳定性很高又很牢固的氧化层。低于600 K 时腔芯可用铜制作，铜的导热率较高，但应注意，铜表面由于受热而形成的表面发黑的氧化层是不稳定的，高于600 K 时，氧化层就会脱落。

为增加腔壁的发射率，可对其表面进行粗糙加工，以形成好的漫反射体。另外，还可在腔壁涂上某种发射率高的涂层，来增加腔壁的发射率。但是，在温度较高时，涂料层较易脱落，故腔壁涂层的方法只适用于温度不太高的情况。

3.2.4　腔体的加热和温度控制

1. 腔体的等温加热

为了使空腔型黑体辐射源更接近于理想黑体，要求腔体要等温加热。实际上开口处温度总要低一些，所以一般要求其恒温区越长越好，而恒温区做得长是很困难的，通常1/3～2/3的恒温区就可满足一般实验室的要求。

对腔体的等温加热，通常采用电热丝加热的，即通过绕在腔芯外围的镍铬丝加热线圈进行加热。为改善腔体温度的均匀性，可以改变腔芯的外形轮廓，使其在任意一点上腔芯的横断面面积相等，以保证每一加热线圈所加热的腔芯体积相等。在腔体开口附近，应增加线圈匝数，以弥补其热损失。质量更高的黑体还可用热管式加热器或通过高温气体加热，但其成本要高得多。

恒温区的测量通常有两种方法，一种是测腔壁的温度，一种是测腔内沿轴线的温度分布。

2. 腔体的温度控制和测量

根据斯蒂芬－玻尔兹曼定律，黑体型辐射源的辐出度 $M = \varepsilon_0 \sigma T^4$，其中 ε_0 为黑体型辐射源的有效发射率，T 为腔体的工作温度。如果该温度有一个微小的变化 dT，则引起辐射源的辐出度变化 dM 为

$$dM = 4\varepsilon_0 \sigma T^3 dT \tag{3.43}$$

于是，辐出度的相对变化为

$$\frac{dM}{M} = 4\frac{dT}{T} \tag{3.44}$$

以上说明腔体温度变化对辐出度变化的影响是很大的。若要求供给红外设备校准用的黑体型辐射源辐出度变化小于 1%，则要求其腔体温度变化能不超过 0.25%。对于一个 1 000 K 的黑体型辐射源，要保证 0.5% 的辐射精度，则要求温度的控制精度大约为 0.1%，即对 1 000 K 而言，要求控制和测量精度达 1 K。

由此可见，对黑体温度的控制和测量的好坏，直接影响到黑体的性能。为此通常对黑体要提出控温精度和温度稳定性的要求。由于黑体内的温度不可能是完全恒定的，因此测温点的选择就非常重要。一般规定：对圆柱形腔，测温点取在腔的底部中央；对圆锥形腔，测温点一般取在锥顶点处；而对球形腔，测温点则取在开口的对称中心位置。温度计一般用热电偶或铂电阻温度计。

3.2.5　黑体视场和技术指标

1. 黑体视场

（1）由于光阑的存在，因此，限定了黑体有一定的使用视场，如图 3.9 所示。

（2）通常在标定黑体时，只标定腔底的温度。一般腔的底部及光阑决定了它的视场。

（3）若恒温区较稳定且较长，则黑体的视场就可变大。一般要在黑体的视场范围内使用。

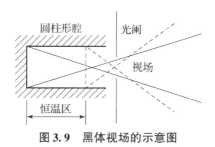

图 3.9　黑体视场的示意图

2. 技术指标

表3.3 所示为黑体通用标准技术规格。

表 3.3 黑体通用标准技术规格

黑体通用标准系列技术规格			
规格	600 ℃ 的型号	600 ℃ 以上的型号	1 990 K 的型号
控制精度	±1 ℃	±1 ℃	±1 ℃
稳定性（长期）	0.1 ℃	0.5 ℃	0.05%
稳定性（短期）	0.02 ℃	0.25 ℃	0.25 ℃
敏感元件	铂电阻温度计	铂电阻温度计	硅测温仪
腔体	15°凹锥	15°凹锥	15°凹锥
有效发射率	0.99 ±0.01	0.99 ±0.01	0.99 ±0.01
源外壳温度	<环温以上 10 ℃	<环温以上 10 ℃	<环温以上 10 ℃
环境温度范围	−40～60 ℃	−40～60 ℃	−40～60 ℃

3.3　古费（Gouffé）理论

古费公式

古费在 1945 年提出了一个具有独创性的计算空腔型辐射源的有效发射率的简单公式。由于该公式意义比较明确，使用比较方便，因此，在设计空腔型辐射源时得到广泛的应用。本节将在推导古费公式之后，讲述如何运用古费公式计算球形、圆筒形和圆锥形腔体的有效发射率，并讲解对有限制开孔腔体的修正方法。

3.3.1　古费公式的推导

如图 3.10 所示。假设腔壁为均匀理想漫反射表面，反射率恒为 R_0，整个腔体是等温不透明的，腔内辐射经过第二次漫反射以后均匀地照布在整个腔内壁。若腔的小开孔面积为 ΔS，对腔底所张的立体角为 $\Delta\Omega$，整个腔内壁的面积（包括开孔的面积）为 S。

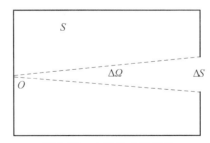

图 3.10　古费公式的推导

如果一束辐射从开孔垂直入射到腔底 O 处的单位面积上产生的辐射照度为 E，则腔底 O 处由于漫反射而产生的辐射亮度为

$$L = R_0 E / \pi \tag{3.45}$$

因此，经过腔底 O 处第一次反射后，从开孔处跑出的辐射通量为

$$\phi_1 = \frac{R_0 E}{\pi} \Delta \Omega \tag{3.46}$$

这样，第一次反射后留在腔内的辐射通量为

$$\phi_1' = R_0 E - \frac{R_0 E}{\pi} \Delta \Omega = R_0 E \left(1 - \frac{\Delta \Omega}{\pi} \right) \tag{3.47}$$

该辐射经过第二次漫反射后均匀照射整个腔壁。因此，第二次反射后，从开孔处跑出的辐射通量为

$$\phi_2 = R_0^2 E \left(1 - \frac{\Delta \Omega}{\pi} \right) \frac{\Delta S}{S} \tag{3.48}$$

所以，第二次反射后留在腔内的辐射通量为

$$\phi_2' = R_0^2 E \left(1 - \frac{\Delta \Omega}{\pi} \right) \left(1 - \frac{\Delta S}{S} \right) \tag{3.49}$$

这些辐射经过腔壁第三次漫反射后均匀照射整个腔壁，因此，第三次反射后，从开孔处跑出的辐射通量为

$$\phi_3 = R_0^3 E \left(1 - \frac{\Delta \Omega}{\pi} \right) \left(1 - \frac{\Delta S}{S} \right) \frac{\Delta S}{S} \tag{3.50}$$

以此类推，得到经过多次反射后从开孔跑出的总辐射通量为

$$\phi_{出} = \phi_1 + \phi_2 + \phi_3 + \cdots = \frac{R_0 E}{\pi} \Delta \Omega + R_0^2 E \left(1 - \frac{\Delta \Omega}{\pi} \right) \frac{\Delta S}{S} + R_0^3 E \left(1 - \frac{\Delta \Omega}{\pi} \right) \left(1 - \frac{\Delta S}{S} \right) \frac{\Delta S}{S} + \cdots$$

$$= E \left[\frac{R_0}{\pi} \Delta \Omega + \frac{R_0^2 \left(1 - \frac{\Delta \Omega}{\pi} \right) \frac{\Delta S}{S}}{1 - R_0 \left(1 - \frac{\Delta S}{S} \right)} \right] \tag{3.51}$$

在我们假设的前提下，开孔入射的辐射通量在数值上等于辐射照度，因此，腔的有效反射率为

$$R = \frac{\phi_{出}}{\phi_{入}} = \frac{R_0}{\pi} \Delta \Omega + R_0^2 \left(1 - \frac{\Delta \Omega}{\pi} \right) \frac{\Delta S}{S} \Big/ \left[1 - R_0 \left(1 - \frac{\Delta S}{S} \right) \right] \tag{3.52}$$

因为除了规定的入射的辐射之外，没有其他入射的辐射，所以腔的有效发射率等于腔的有效吸收率，即

$$\varepsilon = \alpha = 1 - R = 1 - \frac{R_0}{\pi} \Delta \Omega - R_0^2 \left(1 - \frac{\Delta \Omega}{\pi} \right) \frac{\Delta S}{S} \Big/ \left[1 - R_0 \left(1 - \frac{\Delta S}{S} \right) \right]$$

$$= \frac{(1 - R_0) \left[1 + R_0 \left(\frac{\Delta S}{S} - \frac{\Delta \Omega}{\pi} \right) \right]}{1 - R_0 \left(1 - \frac{\Delta S}{S} \right)} \tag{3.53}$$

由于腔内壁材料的发射率等于腔的有效吸收率，即 $\varepsilon_0 = \alpha_0$，因此 $\varepsilon_0 = \alpha_0 = 1 - R_0$，则有

$$\varepsilon = \frac{\varepsilon_0 \left[1 + (1 - \varepsilon_0) \left(\frac{\Delta S}{S} - \frac{\Delta \Omega}{\pi} \right) \right]}{\varepsilon_0 \left(1 - \frac{\Delta S}{S} \right) + \frac{\Delta S}{S}} \tag{3.54}$$

式（3.54）就是古费公式。

3.3.2 三种腔型的有效发射率

球形、圆筒形和圆锥形三种典型腔型结构如图 3.11 所示。它们的腔长均为 l，开孔半径均为 r。下面分别对每一种腔型的古费公式的具体形式进行讨论。

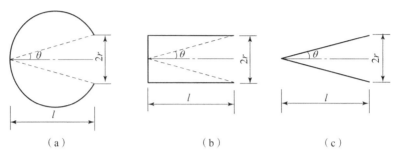

图 3.11 三种典型腔型结构

（a）球形；（b）圆筒形；（c）圆锥形

1. 球形腔的有效发射率

对于球形腔，由于

$$\frac{\Delta S}{S_{球}} = \frac{\pi r^2}{4\pi (l/2)^2} = (r/l)^2 = g^2 \tag{3.55}$$

$$\frac{\Delta \Omega}{\pi} = \frac{\Delta S}{\pi l^2} = \frac{\pi r^2}{\pi l^2} = (r/l)^2 = g^2 \tag{3.56}$$

式中，g 称为腔孔的几何因子。因此，将式（3.55）和式（3.56）代入式（3.54）得到球形腔有效发射率为

$$\varepsilon = \frac{\varepsilon_0}{\varepsilon_0 \left(1 - \dfrac{\Delta S}{S_{球}}\right) + \dfrac{\Delta S}{S_{球}}} \tag{3.57}$$

再令

$$\varepsilon'_{0球} = \frac{\varepsilon_0}{\varepsilon_0 \left(1 - \dfrac{\Delta S}{S_{球}}\right) + \dfrac{\Delta S}{S_{球}}} \tag{3.58}$$

则球形腔的有效发射率为

$$\varepsilon_{球} = \varepsilon'_{0球} \tag{3.59}$$

2. 圆筒形腔的有效发射率

对于圆筒形腔，由于

$$\frac{\Delta S}{S_{筒}} = \frac{\pi r^2}{2\pi r^2 + 2\pi rl} = \frac{1}{2(1 + l/r)} = \frac{g}{2(1 + g)} = \frac{1}{2}g(1 - g) \tag{3.60}$$

$$\frac{\Delta \Omega}{\pi} = 2(1 - \cos \theta) = 2\left[1 - \frac{l/r}{\sqrt{1 + (l/r)^2}}\right] \approx g^2 \tag{3.61}$$

如果在式（3.54）中令

$$k_{筒} = (1 - \varepsilon_0) \left(\frac{\Delta S}{S_{筒}} - \frac{\Delta \Omega}{\pi} \right) \tag{3.62}$$

则圆筒形腔的有效发射率为

$$\varepsilon_{筒} = \frac{\varepsilon_0 (1 + k_{筒})}{\varepsilon_0 \left(1 - \dfrac{\Delta S}{S_{筒}} \right) + \dfrac{\Delta S}{S_{筒}}} \tag{3.63}$$

再令

$$\varepsilon'_{0筒} = \frac{\varepsilon_0}{\varepsilon_0 \left(1 - \dfrac{\Delta S}{S_{筒}} \right) + \dfrac{\Delta S}{S_{筒}}} \tag{3.64}$$

则圆筒形腔的有效发射率为

$$\varepsilon_{筒} = \varepsilon'_{0筒} (1 + k_{筒}) \tag{3.65}$$

3. 圆锥形腔的有效发射率

对于圆锥形腔，由于

$$\frac{\Delta S}{S_{锥}} = \frac{\pi r^2}{\pi r l + \pi r^2} = \frac{1}{1 + l/r} = \frac{g}{1 + g} \approx g(1 - g) \tag{3.66}$$

$$\frac{\Delta \Omega}{\pi} = 2(1 - \cos \theta) = 2 \left[1 - \frac{l/r}{\sqrt{1 + (l/r)^2}} \right] \approx g^2 \tag{3.67}$$

同样，在式（3.54）中如果令

$$k_{锥} = (1 - \varepsilon_0) \left(\frac{\Delta S}{S_{锥}} - \frac{\Delta \Omega}{\pi} \right) \tag{3.68}$$

则圆锥形腔的有效发射率为

$$\varepsilon_{锥} = \frac{\varepsilon_0 (1 + k_{锥})}{\varepsilon_0 \left(1 - \dfrac{\Delta S}{S_{锥}} \right) + \dfrac{\Delta S}{S_{锥}}} \tag{3.69}$$

再令

$$\varepsilon'_{0锥} = \frac{\varepsilon_0}{\varepsilon_0 \left(1 - \dfrac{\Delta S}{S_{锥}} \right) + \dfrac{\Delta S}{S_{锥}}} \tag{3.70}$$

则圆锥形腔的有效发射率为

$$\varepsilon_{锥} = \varepsilon'_{0锥} (1 + k_{锥}) \tag{3.71}$$

3.3.3　相关曲线和使用方法

1. 相关曲线

根据式（3.55）、式（3.60）和式（3.66）可以画出 $\Delta S/S$ 与 l/r（或者 $1/g$）的关系曲线，如图 3.12 所示。

根据式（3.58）、式（3.64）和式（3.70）可以画出 $\Delta S/S$ 与 ε'_0 的关系曲线，如图 3.13 所示。利用这些曲线图，可以很方便地计算出有关腔型的发射率。

2. 曲线使用方法

（1）根据给定的腔体形状和比值 l/r，从图 3.12 中查出相应的 $\Delta S/S$ 值。

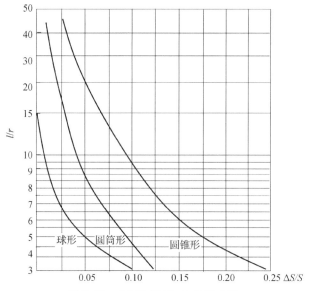

图 3.12　$\Delta S/S$ 与 l/r 的关系曲线

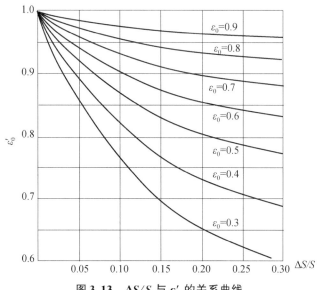

图 3.13　$\Delta S/S$ 与 ε_0' 的关系曲线

（2）根据给定的腔壁发射率 ε_0，并利用图 3.12 中查出的 $\Delta S/S$，在图 3.13 中查出 ε_0' 值。

（3）对于球形，由于 $\Delta S/S = \Delta\Omega/\pi$，即 $k_{球} = 0$，因此，查出的 ε_0' 值就是 ε 值。

（4）对于圆筒形和圆锥形腔，根据同样的 l/r 值，从图 3.12 中查出相应的 $\Delta S/S$ 和 $\Delta\Omega/\pi$ 值，根据这两个值计算出 $k_{筒}$ 和 $k_{锥}$ 值。

（5）利用查出的 $\Delta S/S$ 和 ε_0 值，从图 3.13 中查出相应的 ε_0' 值。最后根据式（3.65）或式（3.71）算出 ε 值。

3. 基本结论

（1）腔的有效发射率总是大于腔壁材料的发射率，此现象称为腔体效应。

（2）取 l/r 的值相同，ε_0 越大，则 ε 越大；若取 ε_0 为定值，l/r 的值越大，则 ε 越大。

（3）对于相同的 l/r 值，腔的内表面积越大，则 ε 越大。因此，相同的 l/r 值，圆筒形腔的发射率比圆锥形腔的发射率大。

（4）如果 ε_0 足够大，且 l/r 的值也足够大，则发射率 ε 将与波长无关，并且趋近于 1，因此，此时空腔辐射源可以视为黑体辐射源。

3.3.4　对有限制开孔腔体的修正

如果为了限制腔的开孔直径，做成孔径 $r' < r$ 的腔，如图 3.14 所示，则利用上述公式和曲线图计算有效发射率时，应当做出相应的修正。

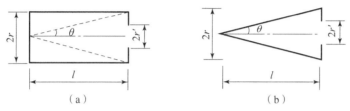

图 3.14　有限制开孔的腔体

（a）圆筒形；（b）圆锥形

对于有限制开孔的腔体，腔体内表面的总面积没有改变，而腔开孔面积为

$$\Delta S' = \pi r'^2 = \pi r^2 \left(\frac{r'}{r}\right)^2 = \Delta S \left(\frac{r'}{r}\right)^2 \tag{3.72}$$

则腔开孔面积与腔体内表面的总面积之比为

$$\frac{\Delta S'}{S} = \frac{\Delta S}{S}\left(\frac{r'}{r}\right)^2 \tag{3.73}$$

因此，如果已知腔深 l，腔半径 r 和腔开孔半径 r'，则可以按照以下步骤计算腔体有效发射率。

（1）根据给定的腔体形状和比值 l/r，从图 3.12 中查出 $\Delta S/S$ 值。

（2）根据式（3.73），计算出 $\Delta S'/S$，利用此值和给定的腔壁发射率 ε_0 值，在图 3.13 中查出 ε_0' 值。

（3）再根据比值 l/r'，从图 3.12 中查出 $\Delta \Omega'/\pi$ 值，再利用 $\Delta S'/S$ 值，由式（3.62）或式（3.68）算出 k。

（4）最后根据式（3.65）或式（3.71）算出 ε 值。

3.4　电热固体辐射源

3.4.1　能斯脱灯

能斯脱灯常作为红外分光光度计中的红外辐射源。它有寿命长、工作温度高、黑体特性好和不需要水冷等特性。能斯脱灯一般是由氧化锆（ZrO_2）、氧化钇（Y_2O_3）、氧化铈（CeO_2）和氧化钍（ThO_2）的混合物烧结而成的一种很脆的圆柱体或空心棒。管子两端绕有铂丝，以作为电极与电路的连接，它要求用很稳定的直流或交流供电。在室温下它是非导体，在工作之前必须对其进行预热。当用火焰或电热丝对其加热到 800 ℃ 时，开始导电。能斯脱灯具有负的电阻温度系数，所以在电路中需要加镇流器，以防止管子烧坏。

由于能斯脱灯都是细长的圆柱形，因而对分光光度计狭缝的照明特别有用。能斯脱灯的主要缺点是机械强度低，稍受压，就会损坏。另外，空气流动很容易引起光源温度的变化等。典型能斯脱灯的各项参数如下：功率消耗为 45 W、工作电流为 0.1 A；工作温度为 1 980 K；尺寸为 3.1 mm（直径）×12.7 mm（长度）。

3.4.2 硅碳棒

硅碳棒是用碳化硅（SiC）做成的圆棒。一般硅碳棒的直径为 6～50 mm，长度为 5～100 cm。其两端做成银或铝电极，用 50 V、5 A 的电流输入，它同样需要镇流器。在空气中的工作温度一般在 1 200～1 400 K，寿命约为 250 h。由于它在室温下是导体，加热电流可直接通过，因此它不需要像能斯脱灯那样在工作之前进行预热。

硅碳棒的主要缺点是最高工作温度较低，需要镇流的电源设备。同时，由于碳化硅材料的升华效应，会使材料粉末沉积在光学仪器表面上，因此它不能靠近精密光学仪器附近工作。另外，工作时需要水冷装置，耗电量较大等。

3.4.3 钨丝灯、钨带灯和钨管灯

由于钨具有熔点高（3 680 K）、蒸发率较小、在可见光波段辐射选择性好、在高温时有较高的机械强度、容易加工等优点，因此，钨丝灯、钨带灯和钨管灯可以应用于光度测量、高温测量、光辐射测量、旋光测定、分光测定、比色测量、显微术和闪光灯技术等。

钨丝灯也是近红外测量中常用的辐射源。但由于玻璃泡透过区域的限制，这种灯的辐射波长通常在 3 μm 以下。有时为了延长红外波段，常将钨丝装在一个充满惰性气体并带有红外透射窗口的灯泡内。使用时，要求供电电源稳定。

钨带灯是将钨带通电加热而使其发光的光源。钨带常做成狭长的条形，宽约为 2 mm，厚度约为 0.05 mm。通电加热后，整条钨带的温度分布并不均匀，两端靠近两极支架处温度较低，中间温度较高，因此测量时要选择温度均匀的中心部分处的钨带辐射。钨带的电阻很小，因此钨带灯要求低电压、大电流且稳定的供电电源。

钨管灯是由一根在真空或氩气中通电加热的钨管做成的。真空灯的温度可达 1 100 ℃，充氩灯的温度可达 2 700 ℃。

钨管由约 25 μm 厚的钨皮制成，长约 45 mm，直径约 2 mm，在一端有一个直径约 1 mm 的孔，钨管的辐射就是从这个孔沿钨管轴线向外射出的。通常管心装有一束直径约为 23 μm 的细钨丝，钨丝先拧在一起，然后切断成毛刷状的断面，塞入钨管内。这样一个由大量细钨丝做成的发光断面使钨管灯在可见光区域内的光谱发射率很高（可达 0.95），且改变很少（在 500～700 nm 范围内只改变千分之几）。同时，钨管灯的温度变化很小。可以说，钨管灯是最接近黑体的辐射源之一，常被用作光谱分布标准光源。

3.4.4 乳白石英加热管

在红外加热技术中，有多种加热辐射源，如金属陶瓷加热器、电阻带、碳化硅板和陶瓷板。与这些加热元件不同，乳白石英加热管不存在基体与涂层之分，不必担心在使用过程中

涂层的脱落问题，所以乳白石英加热管是一种新型红外加热元件。

乳白石英加热管是以天然水晶为原料，在以石墨电极为坩埚发热体的真空电阻炉中熔融（1 740 ℃）拉制而成的。在熔融过程中，使气体在熔体中形成大量的小气泡，故外观呈乳白色。乳白石英玻璃材料耐热性能好（可耐 200～1 300 ℃ 高温），热膨胀系数低，有优良的抗热震性能和电绝缘性能，此外，还具有很好的化学稳定性，但机械强度和耐冲击性能较差。

3.5 气体或蒸气辐射源

3.5.1 放电种类和过程

辉光放电：低压气体中显示辉光的气体放电现象。辉光放电的主要应用是利用其发光效应（如霓虹灯、日光灯）。

弧光放电：呈现弧状白光并产生高温的气体放电现象。无论在稀薄气体、金属蒸气或大气中，当电源功率较大，能提供足够大的电流（几安到几十安）时，可使气体击穿，发出强烈光辉，产生高温（几千到上万摄氏度），这种气体自持放电的形式就是弧光放电。

1. 放电管

图 3.15 中 B 是灯的泡壳，通常是由透明玻璃或石英按所需要的形状加工而成的。A 和 C 是放电灯的电极，其中 A 是阳极，C 是阴极。这样的区分是对直流灯而言的。对交流灯来说没有阴阳极之分，可交替作为阴阳极使用。G 代表灯中所充的气体。很明显，这些气体应基本上不与泡壳和电极材料起化学反应。它们可以是惰性气体，也可以是一些金属或金属化合物的蒸气。

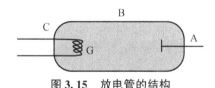

图 3.15 放电管的结构

2. 放电发光过程

放电发光的基本过程分为三级：

第一级，自由电子被外电场加速；

第二级，运动的电子与气体的原子碰撞，电子的动能传给气体原子使其激发；

第三级，受激原子返回基态，把吸收的能量以辐射的形式释放出来。

自由电子不断地被外电场加速，上述三级式的过程就不断地在灯中进行。

3.5.2 水银灯

水银灯是利用水银蒸气放电制成的灯的总称。按水银的蒸气压强不同，可分为低压、高压和超高压水银灯三种。低压水银灯的辐射主要是紫外辐射，这里只介绍高压和超高压水银灯。

1. 水银灯的结构

水银灯的结构如图 3.16 所示。

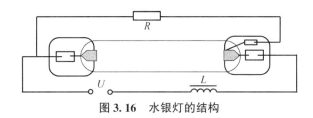

图 3.16 水银灯的结构

2. 水银灯的工作过程

在正常工作时，灯内的水银气压为 0.1～0.5 MPa。

除主电极外，管内还装有启动用的辅助电极，在辅助电极与相邻的主电极之间加有 220 V 的交流电压。

由于电极之间的间距很近（为 2～3 mm），形成很强的电场，因而电极间的气体被击穿，发生辉光放电，放电电流由外加电阻所限制。

辉光放电产生大量电子和离子，这些带电粒子在电场作用下产生繁流过程，并过渡到两主电极之间的弧光放电。

在高压水银灯点燃的初始阶段，低气压的水银蒸气和氩气放电，这时管压很低，约为 25 V，放电电流很大，为 5～6 A，称为启动电流。

低压放电产生的热量使管壁温度升高，水银逐渐气化，管压逐渐增加，放电也逐渐由低压放电向高压放电过渡。

当水银全部蒸发后，管压达到稳定状态时进入稳定的高压水银蒸气放电。高压水银灯从启动到正常工作通常需要经过 4～10 min。

高压水银灯熄灭以后不能立即启动。因为熄灭后，内部还保持着较高的蒸气压，此时电子的自由程很短，在原来的电压下，电子不能累计足够的能量来电离气体。

水银蒸气压为 1～2 MPa 时的水银灯称为超高压水银灯。

随着水银蒸气压的升高，光谱线增宽并形成带有一系列尖峰的连续谱，在红外区的辐射增加。

当压强超过 20 MPa 时，红外辐射占全部辐射的 34%。因此，超高压水银灯是良好的近红外辐射源。

3.5.3 氙灯

利用高压、超高压惰性气体的放电现象制成辐射源，就制成了高压气体放电灯。利用氙气放电制成的辐射源叫作氙灯，图 3.17 是短弧氙灯的结构示意图。

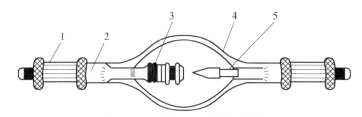

图 3.17 短弧氙灯的结构示意图

1—灯头；2—钼箔；3—钨阳极；4—石英泡壳；5—铈钨阴极

3.5.4　碳弧灯

1. 碳弧灯的结构

气体放电灯的放电都是在密封的泡壳内进行的。碳弧灯则是开放式放电，电弧发生在大气中的两个碳棒之间。

为使电弧保持稳定，阳极做成有芯结构，一般它由外壳和灯芯组成。普通碳弧灯阳极的外壳和灯芯都是用纯碳素材料（炭黑、石墨、焦炭）制成的，只是灯芯材料较软。

由于放电时阳极大量放热，造成碳的蒸发，而灯芯的蒸发又比硬的外壳厉害得多，因此，便在阳极中心形成稳定的喷火口（弧坎）。

2. 碳弧灯的工作特点

普通碳弧灯的辐射约有 90% 是从阳极弧坎发出的，其中主要是热辐射。

碳弧灯的辐射随电流增大而增加，在大部分光谱范围内，辐射的增加正比于电流，而在波长为 0.4 μm 附近处，辐射增加的速度超过电流的增加速度。电流增加一倍，辐射增加到原来的 2.5~5 倍。

普通碳弧灯一般都采用直流供电，其伏安特性是负的，即电流增大时，电极间的电压下降。因此，为使工作稳定，电路中要串联适当的附加电阻，碳弧灯才可稳定。

3.6　红外激光器

3.6.1　激光器的基本组成、工作原理和分类

激光器是 20 世纪 60 年代发展起来的一种新型光源。与普通光源相比，激光具有方向性好、亮度高、单色性和相干性好等特点。激光器的出现从根本上突破了以往普通光源的种种局限（如亮度低、方向性和单色性差等），赋予光电技术以新的生命力，不仅产生了许多新的分支学科，如全息照相、光信息处理、非线性光学等，而且在现代化的科学研究、工业生产、医疗和军事等领域发挥着越来越重要的作用。

一、激光器的基本组成

任何激光器都有 3 个基本组成部分：泵浦源、工作物质和谐振腔。

1. 泵浦源

泵浦源是整个激光器系统的能量来源，用以激励工作物质，使其产生并维持特定能级间的粒子数反转，实现受激辐射。按照能量来源方式的不同，泵浦源又可以分为电激励、光激励和化学激励等。

2. 工作物质

工作物质是产生受激辐射的载体，在泵浦源的激励下实现特定能级间的粒子数反转，并实现受激辐射。工作物质必须具有尖锐的荧光线、强吸收带和针对所需荧光跃迁的相当高的量子效率。工作物质可以是气体、液体和固体。对于固体基质材料，还要求其具有良好的光学、机械和热特性，能接收掺杂离子，上能级具有较长的能级寿命等特点。

3. 谐振腔

谐振腔是激光器实现正反馈，实现激光放大并约束振荡光子的频率和方向以保证激光输出实现高单色性和高定向性的装置。根据谐振腔能否满足稳定振荡条件，谐振腔可以分为稳定腔和非稳定腔两种；根据谐振腔具体结构的不同，谐振腔又可以分为直谐振腔、V 形谐振腔、Z 形谐振腔和环形谐振腔等。

二、激光器的基本工作原理及激光特性

激光器最基本的工作原理基础是爱因斯坦的受激辐射理论。工作物质在激励源（泵浦源）的激励下首先产生自发辐射，自发辐射的光子在相位和传播方向上杂乱无章，完全是自发的状态，因此自发辐射的光是不相干的。但是由于谐振腔的存在，约束沿谐振腔主轴方向传播的光子能够反馈回谐振腔，再次通过工作物质时由于工作物质处于粒子数反转状态，因此工作物质会产生"感应发射"，即发射到谐振腔内的光子具有与激发跃迁相同的相位和频率，这就是受激辐射。由于谐振腔的不断反馈放大，使谐振腔内具有相同频率和相位的光子越来越多，在一定的泵浦功率条件下，损耗和增益达到平衡时，激光器就实现了稳定的激光输出。因此，从激光产生的基本原理出发不难看出激光器与普通光源相比，具有以下优点。

1. 方向性好

普通光源发出的光向四面八方发射，分散到 4π 立体角内，而激光发射的光束，其发散角很小，一般为几毫弧度。所以激光的方向性很强，光束的能量在空间高度集中。例如，普通光源中方向性较好的探照灯，其光束在几千米外也要扩展到几十米的范围，而激光光束在几千米外，扩展的范围不到几厘米。

2. 亮度高

一般激光器发射的立体角 $\Delta\Omega$ 约为 10^{-6} sr。而且有些激光器（如 Q 突变激光器）可使能量集中在很短的时间内发射（约 10^{-9} s 内），这样激光器发出的瞬时功率很大，所以激光光源可具有非常高的亮度。例如，一台红宝石巨脉冲激光器，每平方厘米的输出功率可达 $1\,000$ MW，其亮度可达 10^9 MW/$(cm^2 \cdot sr)$ 或 37×10^{14} cd/cm^2，而太阳的亮度只有 0.16 sb，因此，此种激光器的亮度可以比太阳的亮度高几十亿倍。

3. 单色性好

激光器的另一特点就是谱线宽度很窄。我们通常所说的单色光，实际上都包含一定的谱线宽度，例如普通光源中单色性最好的氪灯（Kr^{86}），它所发出红光的波长 $\lambda = 605.7$ nm，在低温条件下其谱线宽度为 4.7×10^{-4} nm。与之相比，单模稳频氦氖激光器发出的激光波长 $\lambda = 632.8$ nm，其谱线宽度可窄至 10^{-8} nm，可见该激光的单色性要比氪灯高 10 万倍。

4. 相干性好

因为每个粒子在跃迁的过程中所发出的光都是一个有限长度的波列，对于激光，每个波列的频率、传播方向和初相位高度一致，所以同一波列在空间相遇时将出现干涉现象，其相干长度与每个波列维持的时间成正比。光源发出的光的相干长度与谱线宽度 $\Delta\lambda$ 成反比，与辐射的波长 λ_2 成正比，即 $l = \lambda_2/\Delta\lambda$。把氪灯的数据代入此式，则相干长度为 38.5 cm，而单模稳频的氦氖激光器的相干长度可达几十千米。由于相干长度越长，波列维持的时间越长，因此激光时间相干性好。除时间相干性外，激光光束还具有很好的空间相干性，即在辐

射场的空间波场中，波前各点都是相干的，所以激光器是理想的相干光源。

三、激光器的分类

（一）从工作物质状态分类

按工作物质状态不同，激光器可以分为气体激光器、固体激光器和液体激光器。

1. 气体激光器

这类激光器采用的工作物质为气体，可以是原子气体、分子气体和电离化离子气体。原子气体激光器主要采用的是惰性气体（氦、氖、氩等）和部分金属原子蒸气（如铜、锌等）。分子气体激光器采用的工作物质主要有 CO_2、CO、N_2、HF 和水蒸气等。离子气体激光器采用的工作物质主要有氩离子、氖离子等。在红外波段最常用的气体激光器主要是指 CO_2 气体激光器。目前，单机一体化连续横流 CO_2 激光器的最大输出功率可以达到万瓦级，可以广泛应用于钢铁、冶金、航空航天、机电产品和船舶等行业的热处理熔覆、焊接和快速成型等，具有广阔的发展前景。二氧化碳激光器又被称为"隐身人"，因为它发出的激光波长为 10.6 μm，处于红外，肉眼不能觉察，而且正好是大气窗口，因此在国防上有很重要的应用，是巡航导弹制导系统的重要光源，现已到了技术基本成熟阶段，另外，CO_2 激光器在医疗行业也具有重要的应用。

2. 固体激光器

在红外波段，发射波长为 1.064 μm 的固体激光器的工作物质 YAG 已发展到棒状、片状和光纤等多种形式，主要应用在航空航天、汽车制造、电子仪表、化工等行业的激光打孔。目前，打孔用 YAG 激光器的平均输出功率已经提高到了 800~1 000 W，最大峰值功率已经达到 30~50 kW。而氙灯泵浦室温工作的 Cr:Tm:Ho:YAG 激光器发射的波长为 2.1 μm 的激光，则主要用于外科手术，包括切骨术、硬组织烧融和结石碎裂等。

3. 液体激光器

液体激光器也称为染料激光器，因为这类激光器的工作物质主要是有机染料溶解在乙醇、甲醇或水等液体中形成的溶液。这类激光器的特点是波长可调谐。

（二）按工作方式分类

按工作方式不同，激光器可分为以下 4 种。

1. 单次脉冲方式工作

按此方式，工作物质的激励以及激光发射均是一个单次脉冲的过程，一般的固体激光均以此方式工作，可获得大能量激光输出。

2. 重复脉冲方式工作

按此方式，激励是采取重复脉冲的方式进行的，故可获得相应的重复脉冲激光输出。

3. 连续方式工作

按此方式，工作物质的激励和激光的输出均是连续的。

4. Q 突变工作

这是一种特殊的超短脉冲工作方式，其特点是将单次激光能量压缩在极短的振荡时间内输出，从而可获得极高的脉冲输出功率。当激光器在这种状态下工作时，通常在工作物质和组成谐振腔的反射镜之间放置一种特殊的快速光开关,当激励开始后,开关处于关闭状态,切断了腔内的光振荡回路,这时工作物质虽然处于粒子数反转状态,但不能形成有效的振荡。只有当工作物质的粒子数反转增大到一定程度后,光开关才迅速打开,形成光振荡回路,在极短的时间内形成极强的受激发射。这种开关作用,是控制谐振腔内的一个反射面的光学"反馈"能力的,即是控制谐振腔内的品质因数 Q 值的,所以通常称为 Q 开关,这种方法叫作 Q 突变方法。

另外,激光器还可以按照输出波长分为紫外、可见、红外和远红外激光器。下面我们就按照激光器的输出波长介绍几种目前应用比较广泛或在该领域研究比较集中的红外激光器。

3.6.2 Nd:YAG 激光器

YAG($Y_3Al_5O_{12}$)称为钇铝石榴石晶体,石榴石原指一系列天然矿石,因其外形很像石榴籽而得名。YAG 激光器中作为激光媒质的是使用了掺有 Nd^{3+} 激活离子的 $Y_3Al_5O_{12}$ 的晶体(简称 Nd:YAG)。

处于基态的 Nd^{3+} 离子吸收泵浦源发射的相应波长的光子能量后(吸收带的中心波长是 750 nm、810 nm,带宽为 30 nm),再经过无辐射跃迁快速弛豫过程下落到 $^4F_{3/2}$ 能级。$^4F_{3/2}$ 能级是一个寿命仅为 0.23 ms 的亚稳态能级。处于该能级的 Nd^{3+} 离子能向多个终端能级跃迁并产生辐射。Nd:YAG 激光器主要有 $^4F_{3/2} - {}^4I_{9/2}$、$^4F_{3/2} - {}^4I_{11/2}$ 和 $^4F_{3/2} - {}^4I_{13/2}$ 三个跃迁谱线,对应的波长分别为 946 nm、1 064 nm 和 1 319 nm。其中跃迁概率最大的是 $^4F_{3/2} - {}^4I_{11/2}$ 能级的跃迁,因为该跃迁属于四能级系统,因此激光阈值比较低,即只需很低的泵浦能量就能实现激光振荡。因此,Nd:YAG 激光器的振荡波长通常在 1 064 nm。对于 $^4F_{3/2} - {}^4I_{13/2}$ 能级的跃迁,虽然也属于四能级系统,但跃迁概率要小很多,只有设法将 1 064 nm 激光抑制的情况下,才能产生 1 319 nm 的激光。而 $^4F_{3/2} - {}^4I_{9/2}$ 跃迁属于准三能级系统,有再吸收损耗,因此需要的泵浦能量比较高,而且泵浦能量的提高又增加了对晶体的散热要求,因此 946 nm 谱线相对于 1 064 nm 和 1 319 nm 要困难得多。

美国 CEO(Cutting Edge Optronics, Inc.)公司生产的高功率激光二极管泵浦 Nd:YAG 棒的泵浦组件(型号:RE63 - 2C2 - CA1 - 0021),其组件内部的 Nd:YAG 棒的尺寸为 $\phi 6.35$ mm $\times 146$ mm,掺杂浓度为 0.6%,在棒的两个端面各磨有 1 m 半径的凹球面以补偿工作时 YAG 棒产生的热透镜效应,并且均镀有 1 064 nm 波长增透膜。5 组激光二极管条对称地排列在 YAG 棒周围,能够均匀地泵浦激活介质 YAG 棒,同时棒的表面也做了磨砂处理,以便在 YAG 棒中产生更加均匀的泵浦光分布。整个泵浦组件(包括激光二极管和 YAG 棒)由流动的冷却水提供冷却,最大流量为 2.0 GPM。每组二极管条由 16 个最大功率 20 W 的二极管组成,二极管连续工作,总的最大泵浦功率为 1 600 W。

CEO 公司对高功率激光二极管泵浦头进行了测试,测试腔长 280 mm ± 5 mm,为短腔,全反射镜为平面反射镜,输出平面反射镜在 1 064 nm 处的反射率为 70%,在温度设定为 25 ℃、电流为 21 A 时最大连续输出功率为 450 W。

大功率 Nd:YAG 调 Q 激光器是在谐振腔内放置声光调制开关。在声光调 Q 激光器中,由于是在高功率运转条件下,单个声光开关常常不能完全抑制谐振腔内的激光振荡,从而得不到足够高的峰值功率密度。但是可以通过调整声光开关的偏转角度或采用多个调制开关同步调制的方法提高关断功率,从而提高峰值功率密度。

3.6.3 氦氖激光器

氦氖激光器于 1960 年研制成功，是最早问世的连续运转气体激光器，在其几个跃迁区域当中分布有 100 多条谱线，主要波段在可见光区和近红外区。氦氖激光器的工作物质为氖，辅助物质为氦。输出波长主要有 632.8 nm、1.15 μm 和 3.39 μm 三个波长。它在激光导向、准直、测距、测长和全息照相等许多方面都有应用。氦氖激光器的组成包括放电管、储气套、电极、反射镜和工作物质等。

3.6.4 CO₂ 激光器

CO_2 激光器是以 CO_2、N_2 和 He 的混合气体作为激光工作物质的气体放电激发的激光器。它的主要特点是能量转换效率高，输出功率大，既能工作在脉冲激发状态，也能工作在连续激发状态。它最强的一条发射谱线的激光波长为 10.6 μm，正好处于大气窗口，在大气探测、红外通信和军事（光雷达等）上是难得的中远红外光源，同时，在激光切割加工和医疗方面也有广泛的应用。

需要强调说明的是，10.6 μm 的激光（谱线）正好处于大气窗口，该中远红外激光在大气通信、军事探测、医疗等领域有广泛的应用，并常用于中红外领域的激光分光上。

CO_2 激光器的激发方式有很多种，其相应的结构也不相同，常见的有普通密封式 CO_2 激光器、掺 N_2 的 CO_2 混合气体循环方式激光器、横向放电激励大气压（TEA）激光器、启动 CO_2 激光器和波导型 CO_2 激光器等。

3.6.5 半导体激光器

远红外激光器在激光通信、激光雷达、等离子体诊断、激光化学及激光光谱学等许多方面有着重要的用途。目前能工作于远红外的激光器主要有远红外气体激光器和远红外半导体激光器。

半导体激光器是用半导体材料作为工作物质的一类激光器，由于物质结构上的差异，产生激光的具体过程比较特殊。常用材料有砷化镓（GaAs）、硫化镉（CdS）、磷化铟（InP）、硫化锌（ZnS）等。

半导体激光器件，可分为同质结、单异质结、双异质结等几种。同质结激光器和单异质结激光器室温时多为脉冲器件，而双异质结激光器室温时可实现连续工作。

半导体激光器是一种相干辐射光源，要使它能产生激光，必须具备以下 3 个基本条件。

（1）在半导体中代表电子能量的是由一系列接近于连续的能级所组成的能带，因此在半导体中要实现粒子数反转，必须在两个能带区域之间，处在高能态导带底的电子数比处在低能态价带顶的空穴数大很多，这靠给同质结或异质结加正向偏压，向有源层内注入必要的载流子来实现，将电子从能量较低的价带激发到能量较高的导带中去，当处于粒子数反转状态的大量电子与空穴复合时，便产生受激辐射作用。

（2）要实际获得相干受激辐射，必须使受激辐射在光学谐振腔内得到多次反馈而形成激光振荡。激光器的谐振腔是由半导体晶体的自然解理面作为反射镜形成的，通常在不出光的那一端镀上高反多层介质膜，而出光面镀上减反膜，对 F－P 腔（法布里—珀罗腔）半导体激光器可以很方便地利用晶体的与 P－N 结平面相垂直的自然解理面构成 F－P 腔。

（3）为了形成稳定振荡，激光介质必须能提供足够大的增益，以弥补谐振腔引起的光损耗及从腔面的激光输出等引起的损耗，不断增加腔内的光场。这就必须要有足够强的电流注入，即有足够的粒子数反转，粒子数反转程度越高，得到的增益就越大，即要求必须满足一定的电流阈值条件。当激光器达到阈值时，具有特定波长的光就能在腔内谐振并被放大，最后形成激光而连续地输出。可见在半导体激光器中，电子和空穴的偶极子跃迁是基本的光发射和光放大过程。

量子级联激光器的发明被视为半导体激光理论的一次革命和里程碑。量子级联激光理论的创立和量子级联激光器的发明使中远红外波段高可靠、高功率和高特征温度半导体激光器的实现成为可能。如上所述，量子级联激光器的重要技术意义在于其波长。波长完全取决于量子限制效应，通过调节阱宽可调节激射波长。用同种异构材料，可跨越从中红外至次千米波区域很宽的一个光谱范围，其中一部分光谱对于二极管激光器是不易获得的。

半导体激光器最大的缺点是：激光性能受温度影响大，光束的发散角较大（一般在几度到20°之间），所以在方向性、单色性和相干性等方面较差。

本章小结

本章主要介绍了红外辐射的基本原理，论述了空腔辐射理论，给出了不同腔型发射率计算的基本方法，举例说明了不同类型的红外辐射源等。

本章习题

1. 已知空腔的材料发射率为0.5，腔长与开口半径比等于9，试求：
（1）球形腔的发射率；
（2）圆筒形腔的发射率；
（3）圆锥形腔的发射率。

2. 对于球形腔，材料发射率为0.8，要求直径为20 mm的圆形开口，若想达到有效发射率为0.998，应如何设计腔长？

3. 设计一个圆柱形腔黑体，材料表面发射率为0.85，腔体开口半径为1 cm，腔体长度$L=6$ cm，试求腔体的有效发射率。

4. 如图3.18所示，圆柱–圆锥形空腔，圆柱部分长$l=5.4$ cm，半径$R=1.5$ cm，开口半径$R'=1.0$ cm。圆锥部分高$h=2.6$ cm，顶角$\theta=60°$。腔壁发射率$\varepsilon=0.78$，试计算其腔孔的有效发射率ε_0为多少？

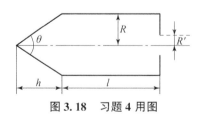

图3.18 习题4用图

5. 激光器由哪几个基本部分组成？各部分的作用是什么？

6. 激光与普通光源相比有什么特点？

7. 激光器从工作物质、工作方式出发，各分为哪几种？

8. 简述 CO_2 激光器的激发方式种类。

9. 简述半导体激光器产生激光的基本条件和半导体激光器的缺点。

计算
透射率实例

第 4 章

红外辐射在大气中的传输

透射率计算
公式和步骤

红外辐射在大气中传输时会发生衰减，影响正常的接收和应用，因此研究红外辐射在大气中的传输是红外技术中的重要内容。本章主要介绍红外辐射在大气中发生衰减的物理起因、红外辐射在大气中的传输特性以及计算大气透射率的相关软件等。

 学习目标

掌握大气的基本组成和气象条件；掌握大气透射率计算的基本方法及大气红外辐射传输软件的应用等。

 本章要点

（1）大气的基本组成及气象条件；
（2）大气中的主要吸收和散射粒子；
（3）大气透射率计算的基本方法；
（4）大气红外辐射传输软件的应用（包括 LOWTRAN、MODTRAN 等）。

红外辐射在大气中的传输问题一直受到人们的普遍重视。这是因为红外辐射自目标发出后，要在大气中传输相当长的距离，才能到达观测仪器，由此总要受到大气中各种因素的影响，给红外技术的应用造成限制性的困难。其中主要有三方面的研究人员对此比较关注：首先是分子光谱研究工作者，他们试图通过大气中出现的分子吸收光谱来研究分子结构与分子吸收和散射的机理；其次是大气物理工作者，他们希望把红外辐射通过大气的分子吸收光谱作为一种工具，借此研究大气中的许多物理参量，如辐射热平衡、大气的热结构、大气的组成成分等；最后是红外系统与天文工作者，他们关心的是被测目标所发出的红外辐射在大气中发生的变化，借助大气红外透过特性来考虑目标探测问题或考察星体的物理性质等。因此，了解红外辐射在大气中的传输特性，对于红外技术的应用是相当重要的。

红外辐射在大气中传输时，主要有以下几种因素使之衰减：

（1）在 $0.2\sim0.32~\mu m$ 的紫外光谱范围内，光吸收与臭氧（O_3）的分解作用有联系。臭氧的生成和分解的平衡程度，在光的衰减中起着决定性的作用。

（2）在紫外和可见光谱区域中，由氮分子（N_2）和氧分子（O_2）所引起的瑞利（Rayleigh）散射是必须要考虑的。解决这一类问题应注意散射物质的分布、散射系数对波长的依赖关系。

（3）粒子散射或米（Mie）氏散射。这种散射大都出现在云和雾之中，当然在大气中某些特殊物质的分布也会引起米氏散射。这种现象对于观察低空背景是特别重要的，因为这些特殊物质的微粒一般都是处在低空中的，到达一定高度时这种散射现象就不那么强烈了。

（4）大气中某些元素原子的共振吸收，这主要发生在紫外及可见光谱区域内。

（5）分子的带吸收是红外辐射衰减的重要原因。大气中的某些分子具有与红外光谱区域响应的振动 – 转动共振频率，同时还有纯转动光谱带，因而能对红外辐射产生吸收。这些分子是水蒸气（H_2O）、二氧化碳（CO_2）、臭氧（O_3）、一氧化二氮（N_2O）、甲烷（CH_4）以及一氧化碳（CO）等，其中水蒸气、二氧化碳和臭氧能引起最大的吸收量，这是因为它们均具有强烈的吸收带，而且它们在大气中都具有相当高的浓度。对于一氧化碳、一氧化二氮和甲烷这一类的分子，只有辐射通过的路程相当长或通过很大浓度的空气时，才能表现出明显的吸收。

当某一辐射源所发出的辐射通过大气时，为了较准确地计算辐射的大气衰减，需要考虑到上述的每一种情况。然而，每一种衰减的机理都是很复杂的，故对各种情况分别进行处理是较为适宜的。当然，因为应用的不同，研究的侧重点也就不同。这里主要讨论吸收和散射所导致的大气对红外辐射的衰减，以及大气透射率的计算方法等。

还必须指出，在红外辐射所通过的路程上，每一处都有它特有的气象因素，包括气压、温度、湿度以及每一种吸收体的浓度等，每一种因素均会对辐射的大气衰减有着直接的影响。同时还要注意到给定的光谱间隔，乃至于每一根谱线的位置、强度和形状等。不仅要注意到辐射衰减与气象因素有关系，而且还要注意到气象因素的变化所带来的影响。尤其是在低层大气中，水蒸气和其他的一些气体，甚至灰尘，都在不断地变化着。因此，红外辐射在大气中的传输状态也就随着天气情况和海拔高度而变化。可见，定量地描述红外辐射在地球大气中的透过情况，是一件相当困难的事情。

4.1　大气的组成和大气分层

红外辐射通过大气所导致的衰减主要是因为大气分子的吸收、散射，以及云、雾、雨、雪等微粒的散射多造成的。要想知道红外辐射在大气中的衰减问题，首先必须了解大气的基本组成。

4.1.1　大气的组成成分

包围着地球的大气层，每单位体积中大约有 78% 的氮气和 21% 的氧气，另外还有不到 1% 的氩（Ar）、二氧化碳（CO_2）、一氧化碳（CO）、一氧化二氮（N_2O）、甲烷（CH_4）、臭氧（O_3）、水汽（H_2O）等成分。除氮气、氧气外的其他气体统称为微量气体。

除了上述气体成分外，大气中还含有悬浮的尘埃、液滴、冰晶等固体或液体微粒，这些微粒通称为气溶胶。有些气体成分相对含量变化很小，称为均匀混合的气体，例如氧气、氮气、二氧化碳、一氧化二氮等。有些气体含量变化很大，如水汽和臭氧。大气的气体成分在 60 km 以下都是中性分子，自 60 km 开始，白天在太阳辐射作用下开始电离，在 90 km 之上，则日夜都存在一定的离子和自由电子。如果把大气中的水汽和气溶胶粒子除去，这样的大气称为干燥洁净大气。在 80 km 以下干燥洁净大气中的含量如表 4.1 所示。

表 4.1　在 80 km 以下干燥洁净大气中的含量

气体	分子量	容积百分比/%
氮（N_2）	28.013 4	78.084
氧（O_2）	31.998	20.947 6
氩（Ar）	39.948	0.934
二氧化碳（CO_2）	44.009 95	0.032 2
氖（Ne）	20.183	0.001 818
氦（He）	4.002 6	0.000 524
氪（Kr）	83.80	0.000 114
氢（H_2）	2.015 94	0.000 05
氙（Xe）	131.30	0.000 008 7
甲烷（CH_4）	16.043	0.000 16
一氧化二氮（N_2O）	44	0.000 028
一氧化碳（CO）	28	0.000 007 5

4.1.2　大气分层

1. 对流层（0~10 km）

对流层是地球大气中最低的一层，几乎集中了大气质量的 80% 以及全部云、雾、雨、雪，主要天气现象和过程如寒潮、台风、雷雨、闪电等都出现在此层。温度梯度为 7 K/km，温度从 300 K 降至 220 K。

对流层的主要特征：

（1）温度随高度升高而降低。地面能吸收太阳辐射的短波部分而升温并放出长波辐射，大气通过吸收地面的长波辐射和通过对流方式从地面吸收热量升温，因而越接近地面的大气得到的热量越多，造成对流层的气温随高度升高而降低。

（2）有强烈的垂直混合。低层空气由于从地面得到热量使之受热上升，高层冷空气下沉，从而造成对流层内存在强烈的垂直混合作用。

（3）气象要素水平分布不均匀。由于各地纬度和地表性质的差异，地面上空空气在水平方向上具有不同物理属性，压强、温度、湿度等要素水平分布不均匀，从而产生各种天气过程和天气变化。

2. 平流层（10~25 km）

（1）随着高度的增高，气温保持不变或微有上升，因此平流层也称为同温层。气流比较平衡，多晴好天气，能见度高。

（2）平流层大气温度下部冷上部热，使大气有相对稳定的结构。对流很弱，空气大多做水平运动，平流层中水汽和尘埃很少，也没有对流层中的云和天气现象。$10 \sim 25$ km 高度，温度从 220 K 上升到 270 K 左右。

3. 中间层（$25 \sim 80$ km）

（1）气温随高度增高而上升（由于臭氧层对紫外线的吸收），而 $60 \sim 80$ km 内随着高度增加温度又逐渐下降。

（2）水汽极少，有相当强的垂直混合（类似于对流层），60 km 以上大气分子开始电离，电离层的底就在中间层内。

4. 暖层/热层（$80 \sim 8\,000$ km）

（1）随着高度的增高，气温迅速升高，空气就更稀薄；空气处于高度电离状态。因此，暖层又可称为电离层。

（2）由于热层分子稀少，很难有对流运动，热传导率很小，造成巨大温度梯度和昼夜温差，白天太阳活动期温度高达 2 000 K，夜间太阳宁静期仅 500 K。热层空气处于高度的电离状态。

（3）热层上部由于空气稀薄，大气粒子很少互相碰撞，高速运动的空气分子可能克服地球引力，向星际空间逃逸，故又称逸散层。

4.2　大气的气象条件

4.2.1　大气压强

根据理想气体物态方程

$$p V = k_b N T \tag{4.1}$$

可以得到

$$p(z) = k_b n(z) T(z) \tag{4.2}$$

式中　$p(z)$——空气的压强；

k_b——玻尔兹曼常数（1.38×10^{-23} J/K）；

$T(z)$——指定高度 z 处的绝对温度；

$n(z)$——在高度 z 处每单位体积内的分子数目。

压强随着高度的变化：

$$\begin{aligned} \mathrm{d}p &= -\frac{G}{\mathrm{d}s} = -\frac{mg(z)}{\mathrm{d}s} \\ &= -\frac{\rho(z)\,\mathrm{d}s\,\mathrm{d}z\,g(z)}{\mathrm{d}s} = -\rho(z)g(z)\,\mathrm{d}z \end{aligned} \tag{4.3}$$

z 处空气密度为

$$\rho(z) = m_0 \bar{M} n(z) \tag{4.4}$$

式中　m_0——一个氢原子的质量（1.67×10^{-27} kg）；

$\bar{M}$——空气平均分子量（29）；

$n(z)$——高度 z 处空气的分子数密度。

图 4.1 所示为计算大气压强示意图。

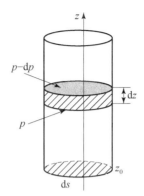

图4.1 计算大气压强示意图

将式（4.2）和式（4.4）代入式（4.3）得

$$\mathrm{d}p = -m_0\bar{M}n(z)g(z)\mathrm{d}z = -m_0\bar{M}\frac{p(z)}{k_\mathrm{b}T(z)}g(z)\mathrm{d}z \tag{4.5}$$

$$\frac{\mathrm{d}p}{p(z)} = -\frac{m_0\bar{M}}{k_\mathrm{b}}\frac{g(z)}{T(z)}\mathrm{d}z \tag{4.6}$$

对式（4.6）积分，则有

$$p(z) = p_0(z)\exp\left[-\frac{m_0\bar{M}}{k_\mathrm{b}}\int_{z_0}^{z}\frac{g(z)}{T(z)}\mathrm{d}z\right] \tag{4.7}$$

式中 z_0——指定的高度；

$p(z_0)$——高度 z_0 处的压强。

在比较薄的空气层内，温度和重力加速度近于常数，所以有

$$p(z) = p(z_0)\exp\left[-\frac{z-z_0}{h(z)}\right] \tag{4.8}$$

其中

$$h(z) = \frac{k_\mathrm{b}T(z)}{m_0\bar{M}g(z)} \tag{4.9}$$

称为标高。大气随高度的标高如表4.2所示。

表4.2 大气随高度的标高

高度/km	标高/km	高度/km	标高/km
0	8.5	40	7.8
5	7.8	45	8.1
10	6.8	50	8.1
15	6.2	60	7.6
20	6.3	70	6.5
25	6.6	80	6.2
30	6.8	90	6.5
35	7.2	100	7.3

4.2.2 大气密度

根据式（4.2）得到高度 z 处的分子数密度为

$$n(z) = \frac{p(z)}{k_b T(z)} \qquad (4.10)$$

如果标准状态大气压强和温度分别为 p_0 和 T_0，则

$$n_0 = \frac{p_0}{k_b T_0} \qquad (4.11)$$

因此

$$n(z) = n_0 \frac{p(z)}{p_0} \cdot \frac{T_0}{T(z)} \qquad (4.12)$$

式（4.12）两边同乘 $m_0 \bar{M}$ 得到

$$\rho(z) = \rho_0 \frac{p(z)}{p_0} \cdot \frac{T_0}{T(z)} \qquad (4.13)$$

其中，$\rho_0 = m_0 \bar{M} n_0$ 是标准状态下的大气密度。

注意：严格的大气状况应以实际测量值为准。表 4.3 为夏季时中纬度大气模型在 100 km 以下的数据，表 4.4 为冬季时中纬度大气模型在 100 km 以下的数据。

表 4.3　中纬度大气模型在 100 km 以下的数据（夏季）

高度/km	压力/Pa	温度/K	密度/$(g \cdot m^{-3})$	水汽密度/$(g \cdot m^{-3})$	臭氧密度/$(g \cdot m^{-3})$
0	1.013×10^5	294	1.191×10^3	1.4×10	6.0×10^{-5}
5	5.540×10^4	267	7.211×10^2	1.0	6.6×10^{-5}
10	2.810×10^4	235	4.159×10^2	6.4×10^{-2}	9.0×10^{-5}
15	1.300×10^4	216	2.104×10^2	7.6×10^{-4}	1.9×10^{-4}
20	5.950×10^3	218	9.453×10	4.5×10^{-4}	3.4×10^{-4}
25	2.770×10^3	224	4.288×10	6.7×10^{-4}	3.0×10^{-4}
30	1.320×10^3	234	1.322×10	3.6×10^{-4}	2.0×10^{-4}
35	6.520×10^2	245	6.519	1.1×10^{-4}	9.2×10^{-5}
40	3.330×10^2	258	3.330	4.3×10^{-5}	4.1×10^{-5}
50	9.510×10	276	9.512×10^{-1}	6.3×10^{-6}	4.3×10^{-6}
100	3.000×10^{-2}	210	5.000×10^{-4}	1.0×10^{-9}	4.3×10^{-11}

表 4.4　中纬度大气模型在 100 km 以下的数据（冬季）

高度/km	压力/Pa	温度/K	密度/$(g \cdot m^{-3})$	水汽密度/$(g \cdot m^{-3})$	臭氧密度/$(g \cdot m^{-3})$
0	1.108×10^5	272	1.301×10^3	3.5	6.0×10^{-5}
5	5.313×10^4	250	7.411×10^2	3.8×10^{-1}	5.8×10^{-5}

续表

高度/km	压力/Pa	温度/K	密度/$(g \cdot m^{-3})$	水汽密度/$(g \cdot m^{-3})$	臭氧密度/$(g \cdot m^{-3})$
10	2.568×10^4	220	4.072×10^2	7.5×10^{-3}	1.6×10^{-4}
15	1.178×10^4	217	1.890×10^2	7.6×10^{-4}	3.4×10^{-4}
20	5.370×10^3	215	8.690×10	4.5×10^{-4}	4.5×10^{-4}
25	2.430×10^3	215	3.950×10	6.7×10^{-4}	3.4×10^{-4}
30	1.110×10^3	217	1.783×10	3.6×10^{-4}	1.9×10^{-4}
35	5.180×10^2	228	7.924	1.1×10^{-4}	9.2×10^{-5}
40	3.530×10^2	243	3.625	4.3×10^{-5}	4.1×10^{-5}
50	6.820×10^1	266	8.954×10^{-1}	6.3×10^{-6}	4.3×10^{-6}
100	3.000×10^{-2}	210	5.000×10^{-4}	1.0×10^{-9}	4.3×10^{-11}

4.3　大气中的主要吸收气体和主要散射粒子

大气中的主要吸收气体有水蒸气、二氧化碳和臭氧等。下面主要介绍这些气体的浓度和变化范围。

4.3.1　水蒸气

在大气中，水表现为气体状态时就是水蒸气。水蒸气在大气中，尤其在低层大气中的含量较高，是对红外辐射传输影响较大的一种大气成分。在大气组分中，水是唯一能以固、液、气 3 种状态同时存在的成分。水在固态时表现为雪花和微细的冰晶体形式，液态时表现为云、雾和雨，而气态就是水蒸气。水的固态和液态对红外辐射主要有散射作用，而气态的水蒸气，虽然人眼看不见，但它的分子对红外辐射有强烈的选择吸收作用。

1. 水蒸气含量描述

可用如下概念对水蒸气的含量进行描述。

1）水蒸气压强

水蒸气压强是大气中水蒸气的分压强，用符号 p_w 表示，其单位是 Pa。

2）绝对湿度

绝对湿度是单位体积空气中所含有的水蒸气的质量，通常用符号 ρ_w 表示，其单位为 g/m^3。所谓绝对湿度，是指水蒸气的密度。

3）饱和水蒸气压

在由气体转变为液体过程中的水蒸气，称为饱和水蒸气。在饱和空气中，水蒸气在某一温度下开始发生液化时的压强，称为在该温度下的饱和水蒸气压，用 p_s 表示，它就是饱和状态下水蒸气的分压强，只是温度的函数。

4）饱和水蒸气量

某一空气试样中，处于某一温度时，单位体积内所能容纳最大可能的水蒸气质量，用 ρ_s

表示，其单位是 g/m^3。饱和空气中的水蒸气量，即饱和水蒸气密度，只与温度有关。ρ_s 的数值如表 4.5 所示。

表 4.5 大气中的饱和水蒸气量 g/m^3

温度/℃	0	1	2	3	4	5	6	7	8	9
−20	0.89	0.81	0.74	0.67	0.61	0.56				
−10	2.15	1.98	1.81	1.66	1.52	1.40	1.28	1.18	1.08	0.98
−0	4.84	4.47	4.13	3.81	3.53	3.24	2.99	2.99	2.54	2.34
0	4.84	5.18	5.54	5.92	6.33	6.67	7.22	7.70	8.22	8.76
10	9.33	9.94	10.57	11.25	11.96	12.71	13.50	14.34	15.22	16.14
20	17.22	18.14	19.22	20.36	21.55	22.80	24.11	25.49	27.00	28.45
30	30.04	31.70	33.45	35.28	37.19	39.19				

5）相对湿度

相对湿度是空气试样中水蒸气的含量和同温度下该空气试样达到饱和时水蒸气含量的比值，用百分数 RH 表示

$$RH = \frac{\rho_w}{\rho_s} = \frac{p_w}{p_s} \tag{4.14}$$

由此式可知，如果已知大气的相对湿度，就可以用相对湿度乘以同温度下的 ρ_s 值，得到绝对湿度。

6）露点温度

露点温度是给定空气试样变成饱和状态时的温度。

2. 水蒸气的分布

水蒸气是由地面水分蒸发后送到大气中的气体。由于大气中的垂直交换作用，使水蒸气向上传播，而随着离蒸发源距离的增大，水蒸气的密度变小。此外，低温及凝结过程也影响大气中水蒸气的含量。由于这些因素的作用，大气中水蒸气的密度随着高度的增加而迅速地减小。大气平均每增加 16 km 高度，大气压强就要降低一个数量级。水蒸气大约每增加 5 km 高度，其分压强就降低一个数量级。几乎所有的水蒸气都分布在对流层以下。总之，水蒸气压强随高度的变化规律类似于大气压强随高度的变化规律。

在特定的区域中，水蒸气的含量有很大变化，甚至于在短短一小时内，就可以发现水蒸气的显著变化。同一气候区在不同季节的水蒸气含量的差别很大，同一时间不同气候区的水蒸气含量差别也很大。这一类数据可在相应的气象局、台、站找到。

3. 可凝结水量

红外辐射被水蒸气吸收的程度与它所通过的路程中水蒸气分子的含量有关，因此，就要用一个量来表示沿传输方向所含的水蒸气的数量，这个量称为可凝结水量，又称为可降水量。它是沿光线方向上所有的水蒸气在与光束有相同截面的容器内凝结成水层的厚度。应当注意的是，可凝结水量是指空气中以水蒸气状态存在的、可以凝结成水的蒸汽，将它折合成

液体水的数量，不包括已经凝结的以及悬浮在空气中的微小水滴。

假设有一个和光学系统直径相同的大气圆柱，其截面积为 ΔS，且大气圆柱的长度为光学系统到目标的距离 x，并假定圆柱内所有水蒸气都能凝结成液态水，这些水均匀布满圆柱截面，其厚度为 h，则 h 就是可凝结水量，如图 4.2 所示。

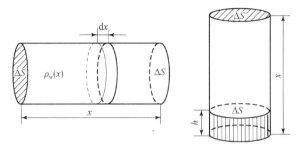

图 4.2　可凝结水量的计算用图

如果大气的绝对湿度，即水蒸气的密度为 $\rho_w(x)$，水的密度为 $\rho_水$，则因为可凝结水的质量等于长度为 x 的圆柱内全部水蒸气的质量，因此有

$$\rho_水 \Delta S h = \int_0^x \rho_w(x) \Delta S \mathrm{d}x \tag{4.15}$$

因此，可凝结水量为

$$h = \frac{1}{\rho_水} \int_0^x \rho_w(x) \mathrm{d}x \tag{4.16}$$

如果 $\rho_w(x)$ 是均匀的，即 $\rho_w(x) = \rho_w$，与 x 无关，则有

$$h = \frac{\rho_w}{\rho_水} x \tag{4.17}$$

路程的单位是 km，水蒸气的密度单位为 g/m^3，水的密度单位为 $g/cm^3 = 1 \times 10^6\ g/m^3$。由式 (4.16) 和式 (4.17) 可分别得到以 mm 为单位的可凝结水量

$$h = \int_0^x \rho_w(x) \mathrm{d}x \tag{4.18}$$

对于 $\rho_w(x)$ 是均匀的情况，则有

$$h = \rho_w x \tag{4.19}$$

由式 (4.18) 和式 (4.19) 得到的数值称为可凝结水的毫米数。如果 $x = 1$ km，则有

$$h' = \rho_w \tag{4.20}$$

表示单位路程的可凝结水量，单位是 mm/km。可见，每千米大气的可凝结水量在数值上刚好等于绝对湿度，不过单位是不同的，绝对湿度的单位是 g/m^3。

相对湿度为 100% 时，不同温度下，每千米大气中的可降水毫米数列于表 4.6 中。

表 4.6　相对湿度为 100% 时，不同温度下，每千米大气中的可降水毫米数

$t/℃$	0	2	4	6	8	$t/℃$	0	2	4	6	8
0	4.86	4.93	5.00	5.07	5.14	−0	4.86	4.79	4.73	4.66	4.60
1	5.21	5.28	5.35	5.43	5.50	−1	4.53	4.47	4.41	4.35	4.29
2	5.57	5.65	5.73	5.80	5.88	−2	4.23	4.17	4.11	4.06	4.00

$t/℃$	0	2	4	6	8	$t/℃$	0	2	4	6	8
3	5.96	6.04	6.12	6.21	6.29	−3	3.94	3.89	3.83	3.78	3.72
4	6.37	6.46	6.55	6.63	6.72	−4	3.67	3.62	3.57	3.51	3.46
5	6.81	6.90	7.00	7.09	7.19	−5	3.41	3.36	3.32	3.27	3.23
6	7.28	7.38	7.48	7.58	7.68	−6	3.18	3.13	3.09	3.04	3.00
7	7.78	7.88	7.89	8.08	8.18	−7	2.95	2.91	2.87	2.82	2.78
8	8.28	8.39	8.51	8.62	8.74	−8	2.74	2.70	2.66	2.63	2.59
9	8.85	8.96	9.07	9.19	9.30	−9	2.55	2.51	2.48	2.41	2.41
10	9.41	9.53	9.65	9.78	9.90	−10	2.37	2.33	2.30	2.26	2.33
11	10.02	10.15	10.28	10.42	10.55	−11	2.19	2.16	2.13	2.09	2.06
12	10.68	10.82	10.95	11.09	11.22	−12	2.03	2.00	1.97	1.94	1.91
13	11.36	11.50	11.65	11.79	11.94	−13	1.88	1.85	1.82	1.80	1.77
14	12.08	12.23	12.38	12.53	12.68	−14	1.74	1.71	1.69	1.66	1.64
15	12.83	12.99	13.16	13.32	13.49	−15	1.61	1.59	1.56	1.54	1.51
16	13.65	13.82	13.99	14.15	14.32	−16	1.49	1.47	1.44	1.42	1.39
17	14.49	14.67	14.85	15.30	15.21	−17	1.37	1.35	1.33	1.31	1.29
18	15.39	15.58	15.72	15.97	16.13	−18	1.27	1.25	1.23	1.21	1.19
19	16.32	16.52	16.72	16.92	17.12	−19	1.17	1.15	1.13	1.12	1.10
20	17.32	17.53	17.73	17.94	18.14	−20	1.08	1.06	1.04	1.03	1.01
21	18.35	18.57	18.97	19.01	19.23	−21	0.99	0.97	0.96	0.94	0.93
22	19.45	19.63	19.91	20.13	20.36	−22	0.91	0.90	0.88	0.87	0.85
23	20.59	20.83	21.08	21.32	21.57	−23	0.84	0.82	0.81	0.79	0.78
24	21.81	22.06	22.31	22.55	22.80	−24	0.76	0.75	0.74	0.72	0.71
25	23.05	23.32	23.59	23.86	24.13	−25	0.70	0.69	0.68	0.67	0.66
26	24.40	24.67	24.95	25.22	25.50	−26	0.65	0.64	0.63	0.61	0.60
27	25.77	26.07	26.36	26.66	26.95	−27	0.59	0.58	0.57	0.56	0.55
28	27.25	27.75	27.85	28.15	28.46	−28	0.54	0.53	0.52	0.52	0.51
29	28.76	29.08	29.41	29.73	30.06	−29	0.50	0.49	0.48	0.46	0.45

4.3.2 二氧化碳

二氧化碳是大气中的不变成分，一直到 50 km 左右的高度，它的浓度（体积比）仍然保持不变，因此，二氧化碳和大气类似，即海拔高度每增加 16 km，其分压强就降低一个数量级。和水蒸气比较，二氧化碳的含量随着高度的增加缓慢减少。本节将在介绍二氧化碳吸收的特点之后，讲述二氧化碳的大气厘米数计算方法和实例。

1. 二氧化碳的吸收和分布特点

由于随着高度的增加，二氧化碳的含量缓慢减少，而水蒸气的含量却急剧减少。因此，在高空，水蒸气对红外辐射的吸收退居次要地位，二氧化碳的吸收变得更重要，如图 4.3 所示。

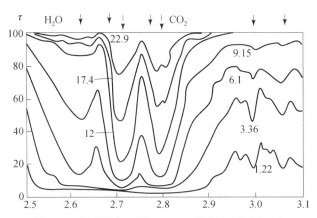

图 4.3　在不同高度于 2.7 μm 附近的大气透射率

从图 4.3 可以看出，最下面的一条曲线是在 1.22 km 的高度测得的，由于此高度水蒸气有较宽的吸收带，尽管二氧化碳在 2.7 μm 附近有吸收带，但仍然避免不了受到水蒸气吸收带的掩盖，因此，在这一吸收区二氧化碳的吸收就看不出来了。从图 4.3 还可以看出，随着高度的增加，二氧化碳的吸收变得越来越显著，对红外辐射的衰减起主要作用。在 6.1 km 的高度上，大气中水蒸气的含量减少了，以至于二氧化碳的吸收开始明显了；在 9.15 km 的高度上，由于水蒸气的含量更少，水蒸气对红外辐射的吸收作用实际上已经消失，仅剩下二氧化碳的吸收带；到 22.9 km，还可以看出有明显的二氧化碳吸收带。

大气中的二氧化碳的含量也有涨落的时候。有迹象表明，在近 50 年来，大气中二氧化碳含量略有缓慢增加，这可能是燃烧了巨量燃料的结果。在特定区域的上空，二氧化碳的含量还要受到短期因素的影响，使其含量偏离平均值。例如，在茂密森林上空的大气当中，白天几个小时之内就可以发现二氧化碳含量的减少，这是因为在有太阳光照射时，二氧化碳被用于光合作用；在大城市的上空，二氧化碳的含量通常是要增加的，这是因为有汽车、火车等交通工具以及各种工业工程的排气。不管二氧化碳含量的各种变化如何，在大多数的计算中，均可采用含量体积比为 0.003%。没有任何迹象表明，随着高度的增加大气中二氧化碳的含量长时间的平均值发生严重的变化。

2. 二氧化碳的大气厘米数

大气中二氧化碳等不凝结的气体组分，在视线路程中的含量用大气厘米数来表示，单位是 atm·cm。

假想一个截面为 ΔS，长度（长度单位以厘米来表示）等于辐射通过大气的距离 x 的大气圆筒。把在圆筒内所有的二氧化碳分子，都单独地将它们抽出来置于一底面积也是 ΔS 的圆筒容器内，并把它们压缩为具有标准状态的气体，这时二氧化碳厚度 H 的单位为 atm·cm，即二氧化碳的大气厘米数，如图 4.4 所示。

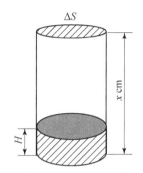

图 4.4　大气厘米数的计算用图

压缩前后二氧化碳的分子数密度分别为 $n_{CO_2}(x)$ 和 n_0。因为压缩前后的总分子数相同，则有

$$n_0 \Delta S H = \int_0^x n_{CO_2}(x) \Delta S \mathrm{d}x \tag{4.21}$$

如果 x 以 cm 为单位，可得到以 atm·cm 为单位的 CO_2 含量 H 为

$$H = \frac{1}{n_0} \int_0^x n_{CO_2}(x) \mathrm{d}x \tag{4.22}$$

因为气体的密度与分子数密度的关系为

$$\rho(x) = m_0 \bar{M} n(x) \tag{4.23}$$

式中，$\bar{M}$ 为分子量，m_0 为原子质量单位，$\rho(x)$ 和 $n(x)$ 分别是 x 处气体的密度与分子数密度。将式（4.23）代入式（4.22），则有

$$H = \frac{1}{\rho_0} \int_0^x \rho_{CO_2}(x) \mathrm{d}x \tag{4.24}$$

式中，ρ_0 和 $\rho_{CO_2}(x)$ 分别是标准状态下和 x 点处二氧化碳的密度。由于二氧化碳必须满足气态方程，所以

$$p_{CO_2}(x) = n_{CO_2}(x) k_b T(x) \tag{4.25}$$

式中，$p_{CO_2}(x)$ 是 x 点处二氧化碳的分压强，$T(x)$ 是 x 点处大气温度，k_b 是波尔兹曼常数。而在标准状态下有

$$p_0 = n_0 k_b T_0 \tag{4.26}$$

根据以上两式可以得到

$$\frac{n_{CO_2}(x)}{n_0} = \frac{p_{CO_2}(x)}{p_0} \frac{T_0}{T(x)} = \frac{p_{CO_2}(x)}{p(x)} \frac{p(x)}{p_0} \frac{T_0}{T(x)} = \eta_{CO_2}(x) \frac{p(x)}{p_0} \frac{T_0}{T(x)} \tag{4.27}$$

式中，$p(x)$ 是 x 点处大气压强，$\eta_{CO_2}(x)$ 是 x 点处二氧化碳的分压比，通常 $\eta_{CO_2}(x)$ 取常数，$\eta_{CO_2}(x) = 0.033\%$。由于

$$\rho_{CO_2}(x) = m_0 \bar{M}_{CO_2} n_{CO_2}(x) \tag{4.28}$$

则有

$$\frac{\rho_{CO_2}(x)}{\rho_0} = \frac{n_{CO_2}(x)}{n_0} = \eta_{CO_2}(x)\frac{p(x)}{p_0}\frac{T_0}{T(x)} \tag{4.29}$$

将式（4.27）代入式（4.22）或者将式（4.29）代入式（4.24）均可得到

$$H = \eta_{CO_2}\frac{T_0}{p_0}\int_0^x \frac{p(x)}{T(x)}dx \tag{4.30}$$

对于水平路程，$p(x) = p$，$T(x) = T$，均为常数，所以有

$$H = \eta_{CO_2}\frac{T_0}{p_0}\frac{p}{T}x \tag{4.31}$$

4.3.3　臭氧

大气吸收太阳光中的紫外辐射，既能成为臭氧的形成条件，又能成为臭氧的破坏条件。氧气对于波长小于 0.20 μm 的紫外辐射具有强烈的吸收能力，同时还能吸收 0.24 μm 附近的辐射。分子氧（O_2）吸收了波长小于 0.24 μm 的一个光子的能量之后，就能完全分解为原子氧（O）。一个氧分子和一个氧原子，在有另一个中性分子时（此中性分子可以是氧也可以是氮），如果发生碰撞，就可以生成臭氧（O_3）。当臭氧吸收了波长短于 1.10 μm 的辐射能量以后，就会发生臭氧的分解过程。由于离解臭氧所需的能量很小，因而臭氧在阳光下很不稳定。臭氧的形成和分解，并不是个别进行的。在同一空间和同一时间内，臭氧一方面在形成，另一方面在分解。这样的形成和分解过程，就决定了臭氧的浓度分布以及臭氧层的温度。臭氧在大气中的成分是可变的原因也在于此。在低空，臭氧的含量通常是在亿分之一左右，例如，在海平面上臭氧的浓度约为亿分之三。臭氧含量随高度的分布，大致是从 5~10 km 高度起浓度开始慢慢增加，以后增加较快，在 10~30 km 处含量达到最大值。再往上，浓度又重新减小，到 40~50 km 时，含量是极少的，几乎是零。臭氧的含量通常是用标准温度和气压下，在某一高度以上每千米所具有的臭氧的大气厘米数（或毫米数）来表示的。

大气中除了水蒸气、二氧化碳和臭氧是吸收气体以外，还存在其他的吸收气体，如甲烷、一氧化碳、一氧化氮、氨气、硫化氢和氧化硫等，但它们的含量及其微少，总量一般不超过 1 atm·cm，通常可以不考虑它们对红外辐射的影响，只有在很长距离传输时，它们的影响才显示出来。

4.3.4　大气中的主要散射粒子

除了吸收气体外，大气中还有一些悬浮的粒子对辐射造成衰减。如空气分子、气溶胶和云雨滴，如表 4.7 所示。

表 4.7　大气中的散射质点

类型	半径/μm	粒子数密度/cm^{-3}
空气分子	10^{-4}	10^{19}
爱根（Aitken）	$10^{-3} \sim 10^{-2}$	$10^4 \sim 10^2$
霾	$10^{-2} \sim 1$	$10^3 \sim 10$

类型	半径/μm	粒子数密度/cm^{-3}
雾滴	1 ~ 10	100 ~ 10
云滴	1 ~ 10	300 ~ 10
雨滴	10^2 ~ 10^4	10^{-2} ~ 10^{-5}

气溶胶是指悬浮在气体中的小粒子，其尺度范围为 10^{-3} ~ 10 μm。气溶胶可分为吸湿性气溶胶（如海盐）、非吸湿性气溶胶（如尘埃）两种。它们包括云、雾、雨、冰晶、尘埃、碳粒子、烟、盐晶粒以及微小的有生命机体。

有时将尺度为 0.01 ~ 1 μm 的气溶胶称为里霾，尺度为 10^{-3} ~ 10^{-2} μm 的气溶胶称为爱根核（Aitken nuclei），它们通常是由很小的晶粒、极细的灰尘或燃烧物等弥散在大气中的细小微粒构成的。通常在工业区看到蓝灰色的上空，就是霾对太阳光散射的结果。在湿度大的地方，潮湿的水蒸气在这些微粒上凝结，可使它变得很大，并把这种粒子叫作凝聚核。由于盐粒自然地吸收潮气，因此它是非常重要的凝聚核。当凝聚核逐渐增大成为半径超过 1 μm 的水滴或冰晶时，就形成了雾。云的成因与雾相同，二者以习惯感觉来区分，即接触地面的称为雾，不接触地面的称为云。按照国际上通用的说法，雾的能见度小于 1 km，而薄云的能见度大于 1 km。形成雾和云的小水滴半径一般在 0.5 ~ 80 μm 之间，而大部分在 5 ~ 15 μm 之间。以水滴形式落到地面的沉降物叫作雨，半径尺寸约为 0.25 mm，被工业废物污染的雾叫作烟雾。

在辐射传输研究中常用的气溶胶尺度谱模式有以下 3 种。

1）Diermendjian 谱模式，其公式为

$$\frac{\mathrm{d}N(r)}{\mathrm{d}r} = ar^{\alpha}\exp(-b^{\gamma}) \tag{4.32}$$

式中，N 为单位体积中的粒子数；r 为粒子半径；a，b，α，γ 为依来源而定的常数。

2）Junge 谱模式，其公式为

$$\frac{\mathrm{d}N(r)}{\mathrm{d}\lg r} = cr^{-\nu} \tag{4.33}$$

式中，c、ν 为谱参数，c 一般取 2 ~ 4，ν 与总浓度有关。

3）对数正态谱模式

$$\frac{\mathrm{d}N(r)}{\mathrm{d}\ln r} = \frac{N}{\sqrt{2\pi}\ln\sigma}\exp\left[-\frac{(\ln r - \ln R)^2}{2(\ln\sigma)^2}\right] \tag{4.34}$$

式中，σ、R 为谱参数。

在近地面大气中，气溶胶的浓度为 10^2 ~ 10^3 个每立方厘米，随高度呈指数递减。一般以下面的公式拟合气溶胶随高度的变化

$$N(z) = N(0)\exp\left(-\frac{z}{z_0}\right) \tag{4.35}$$

特征高度 z_0 在 1.0 ~ 1.4 km 范围内变化，一般取 $z_0 = 1.2$ km。在对流层上部，气溶胶浓度减至约 0.01 个每立方厘米，但在平流层 20 km 高度左右，经常存在一层浓度为 0.1 个每立方厘米的气溶胶层，在强火山爆发之后，此层的浓度可增大 1 ~ 2 个量级，并可影响其后 1 ~ 3 年的全球辐射平衡。

4.4　大气的吸收衰减

介质中的辐射场强度与介质的透射率密切相关。因此，研究因大气的吸收和散射对辐射产生的衰减是非常重要的。本节将研究大气吸收产生的衰减。

为了确定给定大气路程上分子吸收所决定的大气透射率，可以有以下几种方法：

（1）根据光谱线参数的详细知识，一条谱线接一条谱线地做理论计算。

（2）根据带模型，利用有效的实验测量或实际谱线资料为依据，进行理论计算。

（3）在所要了解的大气路程上直接测量。

（4）在实验室内模拟大气条件下的测量。

本节主要讨论单线吸收和带模型理论，同时介绍以实验测量为基础的表格计算法。

4.4.1　大气的选择吸收

太阳光谱表示当太阳辐射通过大气时，由于大气组分在一些中心频率附近产生的吸收谱线。由于大气对红外辐射的吸收，可以用各种不同强度的重叠光谱线组成的离散带来表征，重叠的程度取决于谱线的半宽度，而这些谱线在整个吸收带内的分布取决于吸收分子，因而才出现不同吸收带。一氧化碳在 4.8 μm 处有一个吸收带；甲烷在 3.2 μm 和 7.8 μm 处各有一个吸收带；7.8 μm 处也可以观察到一氧化二氮的吸收带，然而一氧化二氮最强的吸收带在 4.7 μm 处；臭氧有 3 个吸收带，其中 4.8 μm 处的吸收带很弱，所以有的文献上只写有另外两个吸收带。剩下的两种气体就是二氧化碳和水蒸气，它们是研究大气吸收最重要的对象。二氧化碳在 2.7 μm、4.3 μm 和 15 μm 处有 3 个强吸收带；水蒸气比其他任何气体有更多的吸收带，其位置在 0.94 μm、1.14 μm、1.38 μm、1.87 μm、2.7 μm、3.2 μm 和 6.3 μm 处，其中 3.7 μm 处的吸收是重水（HDO）的吸收带。

事实上，任何处在绝对零度以上的分子中的原子，总是在它们的平衡位置处振动，而且在振动的同时，还伴随着转动，因而这些吸收带都是分子的转动——振动光谱带，它是由大量的转动结构的光谱线组成的。如果我们使用高分辨率的仪器来测量水蒸气和二氧化碳的吸收光谱，就会发现每个吸收带都是由许许多多的细微结构组成的。同时，我们也看到，像二氧化碳这样的线型分子，其光谱线的间隔和强度分布都是有一定规律的，而水蒸气（弯曲型分子）的光谱线的间隔和强度是无规律的，并且许多谱线分不开。

大气的红外吸收的特点是具有一些离散的吸收带，而每一吸收带都是由大量的，而且有不同程度重叠的各种强度光谱线组成的。这些谱线重叠的程度与半宽度有直接的关系，并且还与谱线的间隔有关系，当然与谱线的实际线型也是有关的。谱线的半宽度是与气压、温度等气象条件有关的。至于谱线的位置以及谱线的强度分布则与吸收分子的种类有关。

4.4.2　表格法计算大气的吸收

表格法计算大气的吸收是一种利用红外和大气工作者编制的大气透射率表格来计算大气的吸收。根据人们的实验数据，采用适当的近似，已经整理出各种形式的大气透射率数据表。这里列出的透射率是波长为 0.3 ~ 13.9 μm，光谱间隔为 0.1 μm 的海平面水蒸气的光谱透射率，对于水蒸气来说其含量是 0.1 ~ 1 000 mm 的可凝结水量。海平面上水平路程水蒸气的光谱透射率的数值如表4.8、表4.9所示。海平面上水平路程二氧化碳的光谱透射率数值如表4.10所示，其光谱范围和表4.8、表4.9是相同的，但二氧化碳的含量是按 0.1~1 000 km 的路程长给出的，这就避免了计算大气厘米数。

表 4.8　海平面上水平路程水蒸气的光谱透射率（1）

波长/μm	波长 0.3~6.9 μm												
	可降水量/mm												
	0.1	0.2	0.5	1	2	5	10	20	50	100	200	500	1 000
0.3	0.980	0.972	0.955	0.937	0.911	0.860	0.802	0.723	0.574	0.428	0.263	0.076	0.012
0.8	0.989	0.984	0.975	0.965	0.950	0.922	0.891	0.845	0.758	0.663	0.539	0.330	0.168
1.3	0.726	0.611	0.432	0.268	0.116	0.013	0	0	0	0	0	0	0
1.8	0.792	0.707	0.555	0.406	0.239	0.062	0.008	0	0	0	0	0	0
2.5	0.930	0.902	0.844	0.782	0.695	0.536	0.381	0.216	0.064	0.005	0	0	0
3.0	0.851	0.790	0.673	0.552	0.401	0.184	0.060	0.008	0	0	0	0	0
3.5	0.988	0.983	0.973	0.962	0.946	0.915	0.881	0.832	0.736	0.635	0.502	0.287	0.133
4.0	0.997	0.995	0.993	0.990	0.987	0.977	0.970	0.960	0.930	0.900	0.870	0.790	0.700
4.5	0.970	0.958	0.932	0.905	0.866	0.790	0.707	0.595	0.400	0.235	0.093	0.008	0
5.0	0.915	0.880	0.811	0.736	0.634	0.451	0.286	0.132	0.017	0	0	0	0
5.5	0.617	0.479	0.261	0.110	0.035	0	0	0	0	0	0	0	0
6.0	0.180	0.058	0.303	0	0	0	0	0	0	0	0	0	0
6.5	0.164	0.049	0.002	0	0	0	0	0	0	0	0	0	0
6.9	0.416	0.250	0.068	0.010	0	0	0	0	0	0	0	0	0

表 4.9　海平面上水平路程水蒸气的光谱透射率（2）

波长/μm	波长 7.0~14 μm									
	可降水量/mm									
	0.2	0.5	1	2	5	10	20	50	100	200
7.0	0.569	0.245	0.060	0.004	0	0	0	0	0	0
7.5	0.947	0.874	0.762	0.582	0.258	0.066	0	0	0	0
8.0	0.990	0.975	0.951	0.904	0.777	0.603	0.365	0.080	0	0
8.5	0.994	0.986	0.972	0.944	0.866	0.750	0.562	0.237	0.056	0.003
9.0	0.997	0.992	0.984	0.968	0.921	0.848	0.719	0.440	0.193	0.037

波长 7.0 ~ 14 μm										
波长/μm	可降水量/mm									
	0.2	0.5	1	2	5	10	20	50	100	200
9.5	0.997	0.993	0.987	0.973	0.934	0.873	0.762	0.507	0.257	0.066
10.0	0.997	0.994	0.988	0.975	0.940	0.883	0.780	0.538	0.289	0.083
10.5	0.998	0.994	0.988	0.976	0.941	0.886	0.784	0.544	0.295	0.087
11.0	0.998	0.994	0.988	0.975	0.940	0.883	0.779	0.536	0.287	0.082
11.5	0.997	0.993	0.986	0.972	0.932	0.868	0.753	0.493	0.243	0.059
12.0	0.997	0.993	0.987	0.974	0.937	0.878	0.770	0.521	0.270	0.073
12.5	0.997	0.993	0.986	0.973	0.933	0.871	0.759	0.502	0.252	0.063
13.0	0.997	0.992	0.984	0.967	0.921	0.846	0.718	0.437	0.191	0.036
13.5	0.996	0.990	0.980	0.961	0.905	0.819	0.670	0.368	0.136	0.019
13.9	0.995	0.988	0.977	0.955	0.891	0.793	0.629	0.313	0.98	0.010

表 4.10　海平面上水平路程二氧化碳的单色透射率

波长 0.3 ~ 6.9 μm												
波长/μm	路程长度/km											
	0.1	0.2	0.5	1	2	5	10	20	50	100	200	500	1 000
0.3	1	1	1	1	1	1	1	1	1	1	1	1	1
0.4	1	1	1	1	1	1	1	1	1	1	1	1	1
0.5	1	1	1	1	1	1	1	1	1	1	1	1	1
0.6	1	1	1	1	1	1	1	1	1	1	1	1	1
0.7	1	1	1	1	1	1	1	1	1	1	1	1	1
0.8	1	1	1	1	1	1	1	1	1	1	1	1	1
0.9	1	1	1	1	1	1	1	1	1	1	1	1	1
1.0	1	1	1	1	1	1	1	1	1	1	1	1	1
1.1	1	1	1	1	1	1	1	1	1	1	1	1	1
1.2	1	1	1	1	1	1	1	1	1	1	1	1	1
1.3	1	1	1	0.999	0.999	0.999	0.998	0.997	0.996	0.994	0.991	0.987	0.982
1.4	0.996	0.996	0.992	0.998	0.984	0.975	0.964	0.949	0.919	0.885	0.838	0.747	0.649

波长 /μm	路程长度/km												
	0.1	0.2	0.5	1	2	5	10	20	50	100	200	500	1 000
1.5	0.999	0.999	0.998	0.998	0.997	0.995	0.993	0.990	0.984	0.976	0.967	0.949	0.927
1.6	0.996	0.995	0.992	0.998	0.984	0.975	0.964	0.949	0.919	0.885	0.838	0.747	0.649
1.7	1	1	1	0.999	0.999	0.999	0.998	0.997	0.996	0.994	0.992	0.987	0.982
1.8	1	1	1	1	1	1	1	1	1	1	1	1	1
1.9	1	1	1	0.999	0.999	0.999	0.998	0.997	0.996	0.994	0.992	0.987	0.982
2.0	0.978	0.969	0.951	0.931	0.903	0.847	0.785	0.699	0.541	0.387	0.221	0.053	0.006
2.1	0.998	0.997	0.996	0.994	0.992	0.987	0.982	0.974	0.959	0.942	0.919	0.872	0.820
2.2	1	1	1	1	1	1	1	1	1	1	1	1	1
2.3	1	1	1	1	1	1	1	1	1	1	1	1	1
2.4	1	1	1	1	1	1	1	1	1	1	1	1	1
2.5	1	1	1	1	1	1	1	1	1	1	1	1	1
2.6	1	1	1	1	1	1	1	1	1	1	1	1	1
2.7	0.799	0.718	0.569	0.419	0.253	0.071	0.011	1	1	1	1	1	1
2.8	0.871	0.804	0.695	0.578	0.432	0.215	0.079	0.013	1	1	1	1	1
2.9	0.997	0.995	0.993	0.990	0.985	0.977	0.968	0.954	0.927	0.898	0.855	0.772	0.683
3.0	1	1	1	1	1	1	1	1	1	1	1	1	1
3.1	1	1	1	1	1	1	1	1	1	1	1	1	1
3.2	1	1	1	1	1	1	1	1	1	1	1	1	1
3.3	1	1	1	1	1	1	1	1	1	1	1	1	1
3.4	1	1	1	1	1	1	1	1	1	1	1	1	1
3.5	1	1	1	1	1	1	1	1	1	1	1	1	1
3.6	1	1	1	1	1	1	1	1	1	1	1	1	1
3.7	1	1	1	1	1	1	1	1	1	1	1	1	1
3.8	1	1	1	1	1	1	1	1	1	1	1	1	1
3.9	1	1	1	1	1	1	1	1	1	1	1	1	1
4.0	0.998	0.997	0.996	0.994	0.991	0.986	0.980	0.971	0.955	0.937	0.911	0.859	0.802

波长 0.3~6.9 μm

波长 0.3 ~ 6.9 μm												
波长 /μm	路程长度/km											
	0.1	0.2	0.5	1	2	5	10	20	50	100	200	500	1 000
4.1	0.983	0.975	0.961	0.994	0.921	0.876	0.825	0.755	0.622	0.485	0.322	0.118	0.027
4.2	0.673	0.551	0.445	0.182	0.059	0.003	0	0	0	0	0	0	0
4.3	0.098	0.016	0				0	0	0	0	0	0	0
4.4	0.481	0.319	0.115	0.026	0	0	0	0	0	0	0	0	0
4.5	0.957	0.949	0.903	0.863	0.807	0.699	0.585	0.439	0.222	0.084	0.014	0	0
4.6	0.995	0.993	0.989	0.985	0.978	0.966	0.951	0.931	0.891	0.845	0.783	0.663	0.539
4.7	0.995	0.993	0.989	0.985	0.978	0.966	0.951	0.931	0.891	0.845	0.783	0.663	0.539
4.8	0.976	0.966	0.945	0.922	0.891	0.828	0.759	0.664	0.492	0.331	0.169	0.030	0.002
4.9	0.975	0.964	0.943	0.920	0.88	0.82	0.7	0.65	0.4	0.313	0.153	0.024	0.001
5.0	0.999	0.998	0.997	0.995	0.994	0.990	0.986	0.979	0.968	0.954	0.935	0.897	0.855
5.1	1	0.999	0.999	0.998	0.998	0.996	0.994	0.992	0.988	0.984	0.976	0.961	0.946
5.2	0.986	0.980	0.968	0.955	0.936	0.899	0.857	0.799	0.687	0.569	0.420	0.203	0.072
5.3	0.997	0.995	0.993	0.989	0.984	0.976	0.966	0.951	0.923	0.891	0.846	0.760	0.666
5.4	1	1	1	1	1	1	1	1	1	1	1	1	1
5.5	1	1	1	1	1	1	1	1	1	1	1	1	1
5.6	1	1	1	1	1	1	1	1	1	1	1	1	1
5.7	1	1	1	1	1	1	1	1	1	1	1	1	1
5.8	1	1	1	1	1	1	1	1	1	1	1	1	1
5.9	1	1	1	1	1	1	1	1	1	1	1	1	1

例如，要想求得某一段水平路程上与水蒸气有关的透射率，那么我们就可以根据已知的气象条件以及水平路程的长度来计算可凝结水量，再通过表4.8、表4.9查得各波长上与水蒸气有关的透射率。同样，根据已知的水平路程，可以根据表4.10查得各个波长上与二氧化碳有关的透射率。

任意波长上的透射率是从表中查到的水蒸气和二氧化碳透射率的乘积，即

$$\tau = \tau_{H_2O} \tau_{CO_2} \tag{4.36}$$

需要强调的是，这些表格只适用于海平面上的水平路程。在高空，由于大气压强随着高度的增加而下降，大气的温度也要下降，因此谱线的宽度变窄。可以预料，通过同样的路程时，吸收变小，所以大气的透射率就要增加。温度对透射率的影响较小，通常可不予考虑，

只要考虑压强降低对透射率的影响就可以了。如果稍做些简单的修正，这些表格则可用于高空。在高度为 h 的水平路程 x 处所具有的透射率等于长度为 x_0 的等效海平面上水平路程的透射率，用数学表达式可以表示为

$$x_0 = x\left(\frac{p}{p_0}\right)^k \tag{4.37}$$

式中，p 为高度 h 处的大气压强；p_0 为海平面上的大气压强；k 为常数，对水蒸气是 0.5，对二氧化碳是 1.5。

等效海平面路程是透射率计算中一个有用的概念。很明显，在具有相同透射率的情况下，高空的路程要比海平面的路程更远一些。如果我们要计算某一高度上的一段路程的透射率时，就可以表 4.11 所示，查出路程相应的数据，再由式（4.37）算出等效海平面的路程，这样就可以计算出不同高度的水平路程的透射率了。

表 4.11 高度修正因子 $(p/p_0)^k$ 的值

高度/km	高度修正因子 $(p/p_0)^k$		高度/km	高度修正因子 $(p/p_0)^k$	
	水蒸气	二氧化碳		水蒸气	二氧化碳
0.305	0.981	0.940	6.10	0.670	0.299
0.610	0.961	0.888	6.86	0.643	0.266
0.915	0.942	0.840	7.62	0.609	0.266
1.22	0.923	0.774	9.15	0.552	0.168
1.52	0.904	0.743	10.7	0.486	0.115
1.83	0.886	0.699	12.2	0.441	0.085
2.14	0.869	0.660	15.2	0.348	0.042
2.44	0.852	0.620	18.3	0.272	0.020
2.74	0.835	0.580	21.4	0.214	0.010
3.05	0.819	0.548	24.4	0.167	0.005
3.81	0.790	0.494	27.4	0.134	0.002
4.57	0.739	0.404	30.5	0.105	0.001
5.34	0.714	0.364			

4.5 大气的散射衰减

辐射在大气中传输时，除因分子的选择性吸收导致辐射能衰减外，辐射还会在大气中遇到气体分子密度的起伏及微小微粒，使辐射改变方向，从而使传播方向的辐射能减弱，这就是散射。一般说来，散射比分子吸收弱，随着波长增加，散射衰减所占的比重逐渐减小。但

是在吸收很小的大气窗口波段，相对来说散射就是使辐射衰减的主要原因。本节扼要地介绍散射理论及其结果，从而确定由散射引起的大气透射率的计算。

4.5.1　气象视程与视距方程式

目标与背景的对比度随着距离的增加而减少到 2% 时的距离，称为气象视程，简称为视程或视距。

我们可以在可见光谱区的指定波长 λ_0 处（通常取 $\lambda_0 = 0.6\ \mu m$ 或 $0.55\ \mu m$）测量目标和背景的对比度，因为在这些波长处，大气的吸收很少，因而引起辐射衰减的原因主要是散射这一种因素。取光线路程是水平的，沿光线路径的散射微粒的分布是均匀的，因而此处产生的散射在这种情况下都是相同的，我们可以以背景亮度为标准定义目标的对比度 C，即

$$C = \frac{L_t - L_b}{L_b} \tag{4.38}$$

式中，L_t 为目标亮度；L_b 为背景亮度。

当我们观察一系列目标时，会发现目标与背景间的对比度随着观察者距离的增加而减小，最后，对比度弱到使人眼再也不能分开目标和背景了。换而言之，人眼对两个目标亮度的差异的区别能力是有限的，这种限制的临界点称为亮度对比度阈。亮度对比度阈通常以 C_V 表示，对于正常的人眼来说，其标准值为 0.02。

对于同一目标来说，当它距观察点的距离为 x 时，那么观察者所看到的目标与背景的对比度为

$$C_x = \frac{L_{tx} - L_{bx}}{L_{bx}} \tag{4.39}$$

式中，L_{tx} 为观察者所看到的目标亮度；L_{bx} 为背景亮度。

当 $x = V$ 处的亮度对比度 C_V 与 $x = 0$ 处的对比度亮度 C_0 的比值恰好等于 2% 时，这时的距离 V 称为气象视距，即

$$\frac{C_V}{C_0} = \frac{(L_{tV} - L_{bV})/L_{bV}}{(L_{t0} - L_{b0})/L_{b0}} = 0.02 \tag{4.40}$$

但是，在实际测量中，总是让特征目标的亮度远远大于背景的亮度，即 $L_t \gg L_b$，而 $L_{b0} = L_{bV}$。因此，上式可变为

$$\frac{C_V}{C_0} = \frac{L_{tV}}{L_{t0}} = 0.02 \tag{4.41}$$

式 (4.41) 表明，在实际观察中，如果我们把一个很亮的目标从 $x = 0$ 处移到距观测点 $x = V$ 处时，对于波长为 λ_0 的亮度降到原亮度的 2% 时，此时 V 就是气象视程。如果满足上述的假设，那么从 $x = 0$ 到 $x = V$ 之间的大气，在波长 λ_0 处，对大气透射率的影响只是由散射造成的，其透射率为

$$\tau_s(\lambda_0, V) = \frac{L_{tV}}{L_{t0}} = e^{-\mu_s(\lambda_0) V} \tag{4.42}$$

由式 (4.41) 和式 (4.42) 两式得到

$$\ln \tau_s(\lambda_0, V) = -\mu_s(\lambda_0) V = \ln 0.02 = -3.91 \tag{4.43}$$

所以可以得到在波长 λ_0 处，散射系数 $\mu_s(\lambda_0)$ 和气象视程的关系为

$$V = \frac{3.91}{\mu_s(\lambda_0)} \qquad (4.44)$$

式（4.44）即为视程方程式，V 为长度单位，与 $\mu_s(\lambda_0)$ 相适应即可。在推导视程方程式时，我们假定目标表面亮度是均匀的，地表附近大气背景是均匀的，光线是单色的，光所经过的路程是水平的，沿光线所经路径的散射微粒的分布也是均匀的。对波长的选取也间接地说明了它是无吸收的，只有散射起作用。

但是，在实际应用式（4.44）时，却不像在推导此公式时那样严格地遵守这些假定。在实际大气中，大多数情况下视程是很短的。V 一般小于 16 km，甚至小于 5 km。在大气透明度很低的情况下，微粒一般说来都是较大的，例如雾滴，它在散射光线时，对波长是无选择性的。因为此时的散射过程可以看作是直径大于 5 μm 的悬浮微粒上的反射和衍射过程的综合效应，所以可以认为满足 $r \gg \lambda$ 的条件，可按几何光学定律来处理。在这种情况下，散射系数 $\mu_s(\lambda_0)$ 将与波长无关，因此也就不必强调是单色光了。同时，此时的背景光线也多是均匀而弥散的，所以不必担心运用公式（4.44）会发生什么问题。所幸运的是，尽管在浓阴天或者在碧空的日子里，从天顶到地平线附近亮度将有 3 倍左右的变化，然而，只要物体漫反射能力很弱，应用此方程就不会产生多大的误差。而事实上，许多天然目标都具有低的反射率，例如森林为 4%~10%，绿色场地为 10%~15%，海湾及河流为 6%~10% 等。

视程及视程方程式都是很有意义的，其一，人们要想知道眼睛能看多远，也就是要知道视程多远，这在空运、海运和陆地上的观察都是十分重要的，在气象学中是更有意义的；其二，人们很想知道一个不熟悉的物体最远在什么距离上可以用眼睛观测到。当然这里还包括有辨认的问题在内，所以它远比第一方面的问题复杂。

4.5.2　测量 λ_0 处视程的原理

按照视程方程式，我们能知道散射系数 μ_s。又因为我们选取的波长通常是 $\lambda_0 = 0.61$ μm 或 0.55 μm，在这些波长处的吸收近似为零，因此，衰减只是由散射造成的。这样我们就可以由透射率和散射系数的关系，求得气象视程。具体来说，如果在已知的 x 距离上，在波长 λ_0 处，测得大气的透射率为 $\tau_s(\lambda_0, x)$，则有

$$\tau_s(\lambda_0, x) = e^{-\mu_s(\lambda_0)x} \qquad (4.45)$$

$$\ln \tau_s(\lambda_0, x) = -\mu_s(\lambda_0)x \qquad (4.46)$$

如果已知距离 x 在 $0 \sim V$ 之间，由于在整个视程内的 μ_s 都是一样的，因此，可以将此式中的 $\mu_s(\lambda_0)$ 代入视程方程中，得到视程与已知距离处的透射率之间的关系为

$$V = -\frac{3.91x}{\ln \tau_s(\lambda_0, x)} \qquad (4.47)$$

由此式可知，只要测得已知距离 x 及透射率 $\tau_s(\lambda_0, x)$，就可以求得视距。

运用亮度对比度阈和透射率的关系，同样可以得到与式（4.47）类似的关系式，只是将 $\tau_s(\lambda_0, x)$ 换成对比度之比即可，这里就不细讲了。

上式不仅给出了测量视程的原理，同时，也介绍了通过 V 与透射率的关系来计算气象视程。

【例 1】在距离 $x = 5.5$ km，波长为 0.55 μm 处测得的透射率 $\tau_s(\lambda_0, x)$ 为 30%，求气象视程 V。

解： 将 x、$\tau_s(\lambda_0, x)$ 代入可得

$$V = -\frac{3.91 \times 5.5}{\ln 0.3} = -\frac{3.91 \times 5.5}{-1.204} = 17.9 \ (\text{km})$$

即在 0.55 μm 处的气象视距为 17.9 km。

4.5.3 利用 λ_0 处的视程求任意波长处的光谱散射系数

我们知道，无论是瑞利散射，还是米氏散射，散射系数 $\mu_s(\lambda)$ 都是波长的函数，只是当粒子半径远大于波长之后，才与波长无关，而成为无选择性散射。一般可以将散射系数表示为

$$\mu_s(\lambda) = A\lambda^{-q} + A_1\lambda^{-4} \tag{4.48}$$

式中，A、A_1、q 都为待定的常数。

式（4.48）中，第二项表示瑞利散射。在红外光谱区内，瑞利散射并不重要，因此，只需考虑其中的第一项，即

$$\mu_s(\lambda) = A\lambda^{-q} \tag{4.49}$$

对上式取对数，有

$$\ln\mu_s(\lambda) = \ln A - q\ln\lambda \tag{4.50}$$

式中，q 为经验常数。当大气能见度特别好（例如气象视程 V 大于 80 km）时，$q = 1.6$；中等视见度时，$q = 1.3$（这是常见的数值）。如果大气中的霾很浓厚，以致能见度很差（例如，气象视程小于 6 km）时，可取 $q = 0.585V^{1/3}$，其中 V 是以 km 为单位的气象视程。

式（4.50）同样应能满足波长 λ_0 处的散射系数。可利用式（4.49）和式（4.47）得到

$$\mu_s(\lambda_0) = \frac{3.91}{V} = A\lambda_0^q \tag{4.51}$$

$$A = \frac{3.91}{V}\lambda_0^q \tag{4.52}$$

将式（4.52）代入式（4.49），就可以得到任意波长 λ 处的散射系数 $\mu_s(\lambda)$ 与气象视距及波长的关系式

$$\mu_s(\lambda) = \frac{3.91}{V}\left(\frac{\lambda_0}{\lambda}\right)^q \tag{4.53}$$

把此式代入由纯散射衰减导致的透射率公式，有

$$\tau_s(\lambda) = \exp\left[-\frac{3.91}{V}\left(\frac{\lambda_0}{\lambda}\right)^q x\right] \tag{4.54}$$

4.6 大气透射率的计算

在前面几节中，我们已经讨论了大气的吸收和散射对辐射的衰减作用，分别给出了纯吸收和纯散射所导致的衰减，并且还相应地给出了计算透射率的公式。根据这些结果，原则上应该能够在给定的气象条件下计算大气的透射率。

在实际大气中，尤其是在地表附近几千米的大气中，吸收和散射是同时存在的，因此大气的吸收和散射所导致的衰减都遵循朗伯 – 比耳定律。由此，我们可以得到大气的光谱透射率为

$$\tau(\lambda) = \tau_a(\lambda)\tau_s(\lambda) \tag{4.55}$$

式中，$\tau_a(\lambda)$、$\tau_s(\lambda)$ 分别为与吸收和散射有关的透射率。由此可见，只要分别计算出 $\tau_a(\lambda)$ 和 $\tau_s(\lambda)$ 就可由式（4.55）来计算大气透射率。

然而，大气中并非只有一种吸收组分。假设大气中有 m 种吸收组分，因而与吸收有关的透射率应该是几种吸收组分的透射率的乘积，即

$$\tau_a(\lambda) = \prod_{i=1}^{m} \tau_{ai}(\lambda) \tag{4.56}$$

式中，$\tau_{ai}(\lambda)$ 为与第 i 种组成的吸收有关的透射率。将式（4.56）代入式（4.55），得到大气的透射率为

$$\tau(\lambda) = \tau_s(\lambda) \prod_{i=1}^{m} \tau_{ai}(\lambda) \tag{4.57}$$

由此，我们可以将计算大气透射率的步骤归结如下：

（1）按实际的需要规定气象条件、距离和光谱范围。

（2）由气象视程的公式计算出在给定条件下的 $\tau_s(\lambda)$。

（3）按给定条件，依次计算出各个吸收组分的 $\tau_{ai}(\lambda)$。其办法有：

①按照前面所介绍的大气透射率表，计算水蒸气和二氧化碳的吸收所造成的透射率。

②按照所谓的带模型，计算在给定条件下和指定光谱范围内的各吸收带的吸收率，从而求得透射率。这种方法虽然较为准确，但也较复杂。

（4）利用所求得的 $\tau_s(\lambda)$ 和 $\tau_{ai}(\lambda)$，根据式（4.57）可以算出大气的透射率。

4.7　大气红外辐射传输计算软件介绍

随着近代物理和计算机技术的发展，大气辐射传输计算方法，由 20 世纪 60 年代的全参数化或简化的谱带模式发展为目前的高分辨光谱透射率计算，由单纯只考虑吸收的大气模式发展到散射和吸收并存的大气模式，且大气状态也从只涉及水平均匀大气发展到水平非均匀大气。

大气传输的计算早期都用查表的方法，如水平观察路径的大气透射率可通过查海平面水平路程上主要吸收气体水蒸气、二氧化碳的光谱透射率表。由于二氧化碳成分变化不大，它的透射率可直接查表。水蒸气是大气的可变成分，它的吸收与气温、相对湿度有关，即与反映每千米可凝水量的绝对湿度有关。查表法对大气传输模型做了大量简化，也未考虑散射，其计算繁复，精度较差，已很少使用。目前，工程广泛利用现有的大气传输计算软件，例如 LOWTRAN、MODTRAN、FASCOD、MOSART、EOSAEL 和 SENTRAN 等多种在目标探测和遥感中得到广泛应用的实用软件。

下面简要介绍几种实用软件。

4.7.1　LOWTRAN 软件功能简介

LOWTRAN（LOW resolution TRANsmission）是由美国空军基地地球物理管理局（前空军地球物理实验室和空军剑桥研究实验室 AFRL/VS）开发的一个低分辨率的大气辐射传播软件，它最初用来计算大气透射率，后来加入了大气背景辐射的计算。目前最高版本为

1989 年发布的 LOWTRAN7。LOWTRAN 软件以 20 cm^{-1} 的光谱分辨率计算（最小采样间距为 5 cm^{-1}）从 0 ~ 50 000 cm^{-1}（0.2 ~ ∞ μm）的大气透射率、大气背景辐射、单次散射的阳光和月光辐射、太阳直射辐照度。程序考虑了连续吸收、分子、气溶胶、云、雨的散射和吸收，地球曲率及折射对路径及总吸收物质含量计算的影响。

LOWTRAN7 大气模式包括 13 种微量气体的垂直廓线，6 种参考大气模式定义了温度、气压、密度以及水汽、臭氧、甲烷、一氧化碳和一氧化二氮的混合比垂直廓线。程序用带模式计算水（H_2O）、臭氧（O_3）、一氧化二氮（N_2O）、甲烷（CH_4）、一氧化碳（CO）、氧气（O_2）、二氧化碳（CO_2）、一氧化氮（NO）、氨气（NH_3）和二氧化硫（SO_2）的透射率。此带模式以逐线光谱为基础，并与实验室测量做了比较。比较的结果令人满意，精度可满足一般应用的要求（误差小于 15%）。计算结果分得很细，以第 3 种执行方式（计算包括太阳或月亮的单次散射和多次散射）为例，计算结果分为辐射和路径的总透射率。总辐射分为 3 部分：①大气辐射，包括路径上大气和边界发射的热辐射，并考虑了大气散射和边界反射的热辐射；②路径散射，包括被大气散射的太阳辐射（太阳辐射的单次散射部分被单独列出）；③被边界反射的太阳辐射（包括对直接辐射到边界上的太阳辐射和被大气散射到边界上的太阳辐射）。最后，给出了波段内的 3 类辐射之和的总积分。模式包括了氧分子的紫外吸收带（Schumann – Runge 及 Herzberg 连续谱）和臭氧的紫外带（Hartley 和 Huggins 带）。多次散射参数化计算使用 2 流近似和累加法，用 K – 分布与原 LOWTRAN7 的带模式透射率计算衔接。LOWTRAN 增添了取决于风的沙漠模式、新的卷云模式、新的云和雨模式，并包括了更新的有地理和季节代表性的大气模式和气溶胶模式，也可以由用户自己输入模式。

LOWTRAN 共有 5 个主输入卡。卡片 1 选择大气模式、路径的几何类型、程序执行方式、是否包括多次散射、边界状况等；卡片 2 选择气溶胶和云模式；卡片 3 用于定义特定问题的几何路径参数；卡片 4 用于定义计算的光谱区和步长；卡片 5 用以控制程序的循环，以便于一次运行计算一系列问题。

LOWTRAN7 的基本算法有透射率计算方法、多次散射处理和几何路径计算等。

4.7.2　MODTRAN 软件功能简介

MODTRAN 是一种分辨率为 2 cm^{-1} 的带模式代码，由光谱科学有限公司和空军研究工作实验室/航天器董事会（AFRL/VS）联合开发，广泛应用于 AVIRIS 数据分析，且由于该软件能够高效而准确地对分子和气溶胶/云的发射加散射辐射以及大气衰减进行建模，故还可应用于其他遥感方面。MODTRAN 用的是由均匀层组成的球面对称大气，每一层都由温度、气压的层边界条件以及大气成分的浓度来描述，用 Snell 定理测定 LOS 的折射度。

MODTRAN 升级版本利用 MS 子程序改进了 MODTRAN 和 DISORT 接口，已经包括了多次散射（MS）对 LOS 方位角的依赖性，从而可以更好地研究云和稠密气溶胶的多次散射对辐射亮度的贡献。另外，由于 DISORT 的优越性，升级了的 MODTRAN 版本还能够适用参数化 BRDF（双向反射分布函数）。

MODTRAN 在算法上对 LOWTRAN7 的改进主要表现在改进 LOWTRAN 的光谱分辨率。它将光谱的半高全宽度由 LOWTRAN7 的 20 cm^{-1} 减小到 1 cm^{-1}。主要改进包括发展了一种 1 cm^{-1} 分辨率的分子吸收的算法，且更新了对分子吸收的气压温度关系的处理。MODTRAN 中分子透射率的带参数在 1 cm^{-1} 的光谱间隔上计算。这些 1 cm^{-1} 的间隔互不重叠，并可用一个三角狭缝函数将其光谱分辨率降低到所需的分辨率。由于这些间隔是矩形的且互不重叠，MODTRAN 的标称分辨率为 2 cm^{-1}。

多次散射是应用于路径辐射的一个过程，会导致路径辐射减少或增加。其来源主要有两个方面：分子散射（可见光波段较为显著）和（气溶胶）粒子散射（近红外和中红外波段较为显著）。多次散射在 MODTRAN 中属于在沿大气路径各层中计算路径辐射的一个附加项。LOWTRAN7 中多次散射的通量是在观测位置进行计算的，而 MODTRAN 中除此之外还可以在 H_2（路径的另一端，或切向高度）处进行计算。另外 LOWTRAN7 中多次散射计算用的是 2 流近似算法，而 MODTRAN 中新增加了 DISORT 算法，可将算法优化至 4、8 或 16 流近似。

MODTRAN4.0 是一种分辨率比 MODTRAN3.7 更高的带模式代码，和 MODTRAN3.7 相比，MODTRAN4.0 版本精度更高，采用的最新的大气模式，特别是 MODTRAN4.0 版本内置的最新大气组成的浓度，碳氧化合物、臭氧和氮氧化合物等大气混合成分的浓度数据更加精确。

MODTRAN4.0 模型基于压力、温度、线宽，具有计算大气透射率、月亮辐射、太阳入射、大气对太阳的多重散射、背景的热辐射散射等多项功能。编码中包括了典型的大气尘埃微粒、云雨模型，同时也允许用户根据需要自定义选择模式。在计算大气斜程和路径损耗时，模型考虑了球形折射和地球曲率。所有的功能运算中，通过大气模式、气溶胶模式、几何路径以及光波段设置等选项来确定背景的组分和所需的结果。

4.7.3　CART 软件功能简介

CART 软件是一套辐射传输软件，全称为通用大气辐射传输软件（Combined Atmospheric Radiative Transfer），可用来快速计算空间任意两点之间的大气光谱透射率、散射以及地表反射的太阳辐射、地表和大气的热辐射等，光谱范围为可见光到远红外（1 ~ 25 000 cm^{-1}）。与国际上流行的辐射传输软件（如 LOWTRAN、MODTRAN）相比，CART 软件有其独特的几点：该软件的光谱分辨率为 1 cm^{-1}；软件的大气分子吸收部分是采用基于 LBLRTM 逐线积分计算而提出的一种非线性拟合算法，分子吸收线数据库采用最新的 HITRAN04 数据库；除了 6 种 AFGL 大气模式外，还提供了我国典型地区的大气模式、我国典型地表的地表反照率值；提供了一种根据实测尺度谱分布和气溶胶高度分布计算的气溶胶消光模式。

1. CART 软件的输入和输出参数

1）输入参数

气象参数：大气吸收分子（H_2O、CO_2、O_3、CO、CH_4、N_2O、O_2 等）高度分布廓线、温度、气压廓线，其中水汽和温度廓线随地域和季节有较大的变化，应该输入当时当地的廓线参数。

气溶胶参数：气溶胶类型、地面能见度。如果有可能还可以输入气溶胶谱分布（容格指数）和气溶胶高度分布（如标高）。

地表参数：地面光谱反照率、地表温度。

空间几何参数：探测器所在的高度、目标所在的高度、观测天顶角（或目标与探测器的距离）、观测方位角与太阳方位角的差、太阳天顶角（或经纬度和时间用以确定太阳高度角、方位角）。

仪器参数：测量的波段范围（如可能给出仪器的响应函数）、光谱分辨率（对于分光仪器）、仪器视场等。

2）输出参数

1 cm^{-1}分辨率的大气光谱透射率（包括各种分子吸收、分子散射、气溶胶散射和吸收、各种分子连续吸收及总吸收）；太阳直接辐照度；大气散射辐射（包括单次和多次散射太阳辐射）；大气热辐射和大气光谱亮度（包括大气和地表的热辐射）。

2. CART 软件的应用

该通用大气辐射传输软件用于以下几个方面：

（1）用于辐射量测量的大气修正。在大气中的目标辐射特性测试研究中，由于受到大气的影响，在同样的目标照度条件下，不同的大气传输特性条件，导致测量得到的目标光学特性有不同的表观结果。用本软件可以根据实际测量的大气参数计算得到测量时刻的仪器响应波段的大气透射率，对测量信号进行修正，可得到扣除大气影响的目标的本征辐射值。

（2）用于光电仪器的设计和性能评估。工作于大气中的光电仪器，其性能要受到大气的影响，大气透射率和大气背景辐射影响仪器的作用距离和仪器成功使用的概率，所以在设计和仪器性能评估时，根据仪器使用区域的大气特性范围，需计算大气透射率和背景辐射的变化范围，CART 可应用于此工作。

（3）用于气候模式中的大气辐射传输计算。本软件也可以用于气候模式中的大气能量平衡计算，如大气对太阳辐射的吸收和散射、大气和地表的热辐射计算等。

（4）用于大气遥感中的大气透射率和背景辐射计算。

本章小结

本章主要介绍了红外辐射在大气中传输的基本理论，其中包括大气的基本组成、大气中主要吸收和散射的粒子以及它们的衰减作用等，举例说明了计算大气透射率的基本方法，给出了红外大气传输的基本模型以及不同大气红外辐射传输软件的应用等。

本章习题

1. 若空气温度为 300 K，相对湿度为 60%，求 10 km 海平面水平路程长的可凝结水量（假设水蒸气分布均匀）。

2. 若空气温度为 3 ℃，相对湿度为 66%，求 5.5 km 水平路程长的可凝结水量（假设水蒸气分布均匀）。

3. 在海平面水平路程长为 16.25 km，气温为 21 ℃，相对湿度为 53%，气象视程为 60 km，求在 1.4 ~ 1.8 μm 光谱区间的平均大气透射率（取 $\lambda_0 = 0.55$ μm）。

4. 什么是大气窗口？举例说明。

5. 在导弹的起始段，一般用红外制导，其中导弹尾焰的主要成分是二氧化碳气体，而大气中二氧化碳又是主要吸收成分，为什么还能探测到？

6. 某地区夏季的 20 km 高空大气压强为 59.5 hPa，温度为 218 K，求 1 km 水平路程的二氧化碳的大气厘米数。

7. 某地区的气温为 290.8 K，相对湿度为 51%，大气压强为 902 hPa，二氧化碳和水蒸气均匀分布，求在 1 km 水平路程的水蒸气和二氧化碳含量。

8. 在晴朗和霾存在的大气条件下，就水平传输而言，低层大气的主要衰减仅仅是米氏散射，这时可由气象视程的关系式估算大气透射率。取 $\lambda_0 = 0.55\ \mu m$，气象视程为 4 km，求对 1.06 μm 激光每千米的透视比。

9. 大气红外辐射传输计算软件的功能和作用是什么？

第5章

红外热成像技术

本章的主要目的是介绍前面几章所述物体的红外辐射是如何被探测到并且以图像的方式呈现的，是红外物理中承上启下的一章。

（1）简述红外热成像技术的发展历程，包括红外热成像的基本过程和不同时期的一些关键技术。

（2）介绍将红外辐照度转变为热像的典型装置——红外热成像系统，包括热成像系统的发展、类型、构成、典型结构、通用组件及其基本参数。

（3）以红外热成像系统的通用组件为线索，重点讨论红外热成像系统及其工作原理，介绍光学系统及扫描器，通过光学系统和扫描器完成红外辐射量的接收。

（4）重点介绍红外热成像系统的核心部件——红外探测器和探测器电路，包括制冷型探测器（光子探测器）和非制冷型探测器（热探测器）及其性能参数，通过探测器实现红外辐射的光信号向电信号的转换。

（5）简要介绍探测信号的数字化过程。

（6）通过对数字信号的进一步处理，实现图像输出，包括增益/电平归一化、图像格式化、伽马校正与图像重建和显示。

5.1 红外热成像技术的发展

自然界中的一切温度高于绝对零度的物体都以红外辐射即热辐射的方式和环境进行能量交换，物体表面热辐射的强弱既与该点的温度有关，也与其表面状态有关，这种反映物体温度分布和表面特征的热辐射图像，称为热图像，简称热像。这种热图像不同于人们日常所看到的可见光图像，不同颜色不具有色度学上的意义，它反映的是物体的温度分布，如图5.1是热成像仪下的校园。由于人眼对热辐射没有视觉反应，所以需要借助红外热成像技术才能观察热图像。

5.1.1 红外热成像的基本过程

红外热成像的过程包括获取景象的红外辐射，把红外辐射转变为电信号，再用处理后的电信号驱动显示器，产生可供人眼观察的图像。

典型的红外热成像基本过程如图5.2所示。

图5.1 热成像仪下的校园

图5.2 典型的红外热成像基本过程示意图

5.1.2 红外热成像技术的发展过程

红外热成像技术本质上是一种波长转换技术，是综合利用红外物理和技术、半导体、微电子、真空、低温制冷、精密光学机械、电子学、信号处理、计算机、系统工程等技术和工具获取景物热辐射图像，并将其转变为电信号，再用处理后的电信号驱动显示器，产生可供人眼观察的热图像。其中，红外探测器研制技术最为复杂、投入最大、发展最快，所以，在讨论红外热成像技术发展时，研究人员常常是以红外探测器的发展进行划代。常本康、蔡毅认为红外热成像技术可以分为四代，每代的基本组成及特征如下。

第一代使用碲镉汞（HgCdTe）体材料，多元线列或小面阵探测器，复杂的光机扫描机构，中小规模集成电路构成的电子系统，简单的信号处理，热图像的像素最多与黑白电视图像相当。

第二代使用半导体材料或薄膜材料，长线列或可以达到黑白电视图像像素相当的凝视型FPA，有一定信号处理功能的大规模集成读出电路，简单的光机扫描机构或者无光机扫描机构，复杂的信号处理，其热图像也与黑白电视图像相当。但是，在与第一代热像仪相同条件下成像时，探测距离和分辨率与第一代相比明显提高。

第三代使用先进的薄膜材料，长线列或可达到与高清晰电视图像像素相当的凝视型焦平面阵列（FPA），功能复杂的超大规模集成读出电路，简单的光机扫描机构或者无光机扫描机构，大规模或超大规模集成电路构成的电子系统，很复杂的信号处理，热图像的像质可达到高清晰电视图像的水平。而且，在与第二代热像仪相同条件下成像时，探测距离和分辨率与第二代相比明显提高。

第四代使用先进的多层薄膜材料，长线列或可达到与高清晰电视图像像素相当的多光谱面阵 FPA，亚微米工艺集成的、信号处理功能强大的读出电路，简单的光机扫描机构或者无光机扫描机构，超大规模集成电路构成的电子系统，采用很复杂的信号处理和图像融合技术，可以得到多光谱甚至全光谱的高清晰的"彩色"热图像。在与第三代热像仪相同条件下成像时，探测距离、分辨率、信息量和数据处理能力与第三代相比明显提高。

5.2 红外热成像系统的构成

能够摄取景物的红外辐射，实现景物在大气窗口的短波、中波和长波等红外波段的自身辐射成像并将其转换为人眼可见图像的装置是热成像系统（简称热像仪）。红外热成像探测具有穿透烟、雾、尘、雪及识别伪装的能力，不会因强光、眩光的干扰而致盲，具有全天候、远距离观察的能力，因而发展十分迅速，在军用、民用领域获得了广泛的应用。

5.2.1 红外热成像系统的诞生及发展

1952 年美国陆军首先研制出二维慢帧扫描非实时红外图像显示装置，使用的是单元辐射热探测器。20 世纪 50 年代后期，光子探测器出现，其快速响应的特点使红外热图像实时显示成为可能。于是，世界上第一台二维红外成像装置样机在 1965 年诞生于德州仪器公司（Texas Instrument，TI）。美国空军在第一次机载实验中发现当直升机在固定高度盘旋时，这种红外成像装置有助于在漆黑一片的区域寻找和定位目标，并能够帮助射手进行射击，初步显示了这种装置的特殊军事应用价值。

自 TI 公司成功研制第一台红外成像装置后，在 20 世纪 70 年代红外成像技术进入一个蓬勃发展期。至 1974 年，已研制出 60 多种红外热像仪，用于陆海空三军。目前世界上从事红外成像装置的生产、销售公司几乎都诞生在这个时期。如鼎鼎大名的 FLIR System 公司就成立于 1978 年，该公司曾于 1997 年并购了瑞典的 AGEMA 公司、1999 年并购了美国的 Inframetrics 公司、2004 年兼并了美国的 Indigo Systems 公司，目前已成为世界上集红外成像系统设计、制造和销售为一体的大型企业。为了降低成本、缩短研发周期以及便于维护和后勤保障，1976 年美国率先推出通用组件概念，开始了热像仪的批量生产。随后，20 世纪 80 年代，英国、法国、德国、以色列、意大利、苏联等各自提出了热成像通用组件计划并批量生产热成像装置。这种热成像装置就是人们常说的红外热成像系统，或称热像仪。目前广泛应用的红外装置有红外观察仪、红外瞄准镜、潜望式红外热像仪、火控热像仪、红外跟踪系统、红外摄像机等。

按照红外成像系统的核心部件——红外探测器来划分，红外成像系统已发展到第三代，但分代的标准并不唯一。

1. 欧洲

第一代探测器元数少于 200 的热成像系统；

第二代探测器为 FPA 的热成像系统；

第三代探测器为凝视型 FPA 的热成像系统。

2. 美国

第一代探测器元数少于 200 的热成像系统；

第二代探测器元数少于 10^6 的 FPA 的热成像系统；

第三代探测器元数大于 10^6 的 FPA 的热成像系统。

5.2.2　红外热成像系统的类型及结构

1. 红外热成像系统的类型

红外热成像系统从不同的角度有不同的分类方法。根据工作原理进行分类，包括光子探测成像仪和热探测成像仪两种。前者主要是利用光子在半导体材料上产生的电效应进行成像，敏感度高，但探测器本身的温度会对其产生影响，因而需要降温（也称为制冷型），通常采用的冷却剂为斯特林（Stirling）或液氮。后者将光线引发的热量转换为电信号，敏感度不如前者，但其无须制冷（也称为非制冷型）。根据工作波段进行分类，红外热成像系统可分为红外长波成像系统、红外中波成像系统和红外短波成像系统等。根据所使用的感光材料进行分类，则有硫化铅（PbS）、硒化铅（PbTe）、碲化铟（InTe）、碲锡铅（Pb1 − xSn$_x$Te）、碲镉汞（HgCdTe）、掺杂锗和掺杂硅等类型的成像系统。根据成像系统所探测的目标是点源还是扩展源目标，又可以分为点目标红外成像系统、成像探测系统和亚成像探测系统。按系统中有无光源，热成像系统可分为主动热红外成像系统和被动热红外成像系统，其中，利用目标反射月光、大气辉光、天光中的红外辐射实现的红外成像装置就称为被动热红外成像系统；利用人工红外光源通过对目标进行照明来实现红外成像的装置被称为主动热红外成像系统。

最常见的分类是根据感光元件数量和运动方式，分为光机扫描型和非扫描型（凝视型）两类。扫描型是借助光机扫描系统使单元探测器依次扫过景物的各部分，形成景物的图像。在光机扫描红外成像系统中，探测器将接收到的景物的红外辐射转换为电信号，可通过隔直流电路把背景辐射从目标信号中消除，所以，这类成像的对比度较好。因此，尽管光机扫描红外成像系统存在结构复杂、成本高等缺点，仍然受到重视和发展。与光机扫描型红外成像系统不同，凝视型红外成像系统采用的是多元探测器阵列，探测器中的每个单元与景物的一个微面元相对应，不需要光机扫描。随着硅化物肖特基势垒焦平面阵列技术的发展，利用硅超大规模集成电路技术可以获得高均匀响应度、高分辨率的探测器面阵，大大推动了非扫描型红外成像技术的发展和应用，但目前其性能还不及光机扫描型红外成像系统。

2. 红外热成像系统的典型结构

红外热成像系统的典型结构可分为两大类——光机扫描型和非扫描型红外热成像系统。

光机扫描型红外热成像系统采用单元或多元光电导或光伏红外探测器，单元探测器帧幅响应的时间不够快，时速慢，多元阵列探测器可做成高速实时热成像系统。光机扫描型红外热成像系统的常见结构如图 5.3 所示。

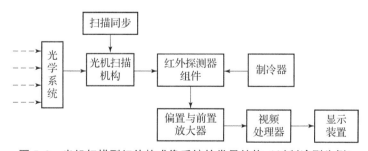

图 5.3　光机扫描型红外热成像系统的常见结构（以制冷型为例）

非扫描型红外热成像系统，主要是采用凝视型焦平面阵列热成像技术，由于其在性能上优于光机扫描型红外热成像系统，因此有逐步取代光机扫描型红外热成像系统的趋势。凝视型焦平面阵列热成像技术的关键是探测器，该类型的探测器通常由单片集成电路组成，被测目标的整个视野都聚焦在探测器上。新一代的凝视型焦平面阵列成像仪图像清晰、使用方便、仪器小巧轻便，同时还有自动调焦、图像冻结、连续放大、点温、线温、等温和语音注释图像等功能，还可以采用 PC 卡，其存储容量可达 500 幅图像以上。凝视型焦平面阵列红外热成像系统的典型结构如图 5.4 所示。

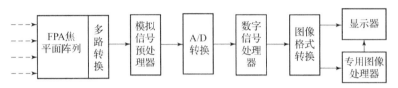

图 5.4　凝视型焦平面阵列红外热成像系统的典型结构

5.2.3　红外热成像系统的通用组件

通常红外成像系统包括 5 个主要的子系统，即光学系统和扫描器，探测器和探测器电路，数字化子系统，图像处理子系统和图像重建子系统，这五部分也常常简称红外传感器。如图 5.5 所示的组件主要用于扫描型和凝视型系统中，并不是所有红外系统中都会出现这些组件，具体视设计情况而定，如使用阴极射线显像管（CRT）显示器时，有伽马校正电路；模拟成像时内部没有 A/D 转换器；显示器不一定是构成红外成像系统的必要组件。

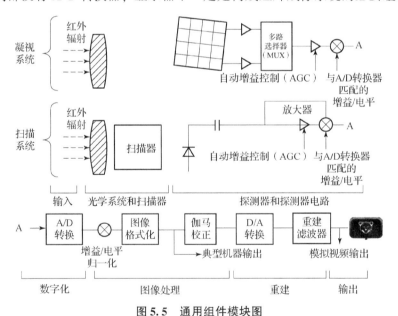

图 5.5　通用组件模块图

5.2.4　红外热成像系统的基本参数

如何对一个红外热成像系统进行定量描述，或对不同成像系统进行比较，这就涉及红外热成像系统的基本参数。

1. 光学系统入瞳口径 D_0 和焦距 f'

热像仪光学系统的入瞳口径 D_0 和焦距 f' 是决定成像仪性能、体积和质量（重量）的重要参数。

2. 瞬时视场

在光轴不动时，系统所能观察到的空间范围就是该系统的瞬时视场。瞬时视场取决于单元探测器的尺寸和红外物镜的焦距。瞬时视场是表征系统空间分辨能力的物理量。

对于尺寸为 $a \times b$ 的矩形探测器，其瞬时视场平面角分别为水平视场角 α 和垂直视场角 β。且有

$$\alpha = \frac{a}{f'} \tag{5.1}$$

$$\beta = \frac{b}{f'} \tag{5.2}$$

3. 总视场

总视场是指红外热像仪的最大观察范围，一般用水平和垂直两个方向的平面角来描述。

4. 帧周期 T_f 与帧频 f_p

系统完成一幅画面所需要的时间称为帧周期或帧时，单位为秒；而一秒内所完成的画面数称为帧频或帧速。即

$$f_p = \frac{1}{T_f} \tag{5.3}$$

5. 扫描效率 η

有效扫描时间与帧周期之比，即为扫描效率。所谓有效扫描时间，是指帧周期与由于同步扫描、回扫、直流恢复等导致的空载时间 T_f' 的差值。

$$\eta = \frac{T_f - T_f'}{T_f} \tag{5.4}$$

6. 驻留时间

系统光轴扫过一个探测器所经历的时间称为驻留时间 τ_d。

（1）单元探测器的驻留时间为

$$\tau_{d1} = \frac{\eta T_f \alpha \beta}{AB} \tag{5.5}$$

式中，A 和 B 分别为热像仪在水平和垂直方向的视场角；α 和 β 是瞬时视场角；T_f 为帧周期；η 为扫描效率。

（2）n 个与行扫描方向正交的探测器线列的驻留时间 τ_{dn} 为

$$\tau_{dn} = n\tau_{d1} \tag{5.6}$$

即在帧周期和扫描效率相同的情况下，把 n 个相同的单元探测器沿着与行扫描方向正交的方向排成线列，并将单个探测器上的驻留时间延长至 n 倍，这对于提高探测器的信噪比是有利的。

5.3　光学系统和扫描器

光学系统的作用是把物体辐射成像到探测器上。利用光学方法，扫描器通过移动探测单

元对应的张角，就可以产生一个与局部场景光强成比例的输出电压，单个探测单元的输出代表的是一条扫描线上的场景强度。凝视阵列不需要扫描器，相邻探测单元的输出可以提供场景强度的变化量。

5.3.1　光学系统

1. 红外物镜系统的类型

（1）透射式光学系统。透射式红外物镜系统即透射式光学系统，也称为折射式红外物镜系统。通常由几个透镜组成，如图 5.6 所示。其优点是无挡光、球面镜加工容易、通过光学设计各种像差容易消除，但该类系统的光量损失较大，装配和调整较困难。

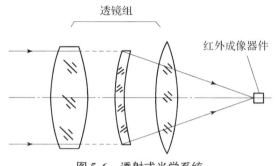

图 5.6　透射式光学系统

（2）反射式光学系统。由于红外辐射的波长较长，能透过的材料较少，因此大多数红外物镜系统都采用反射式光学系统。反射镜面有球面、抛物面、椭球面等几种。

①牛顿光学系统。牛顿光学系统的主镜是抛物面，次镜是平面，如图 5.7 所示。该系统结构简单，易加工，但挡光大，结构尺寸也较大。

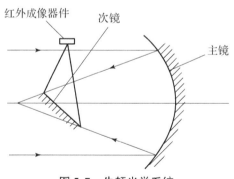

图 5.7　牛顿光学系统

②卡塞格林光学系统。卡塞格林光学系统的主镜是抛物面，次镜是双曲面，如图 5.8 所示。该系统较牛顿光学系统挡光小，结构尺寸小，但加工比较困难。

③格里高利光学系统。格里高利光学系统的主镜是抛物面，次镜是椭球面，如图 5.9 所示。其加工难度介于牛顿光学系统和卡塞格林光学系统之间。

反射式光学系统对材料要求不高、质量轻、成本低、光量损失小、不存在色差；但中心有挡光、轴外像差大，难以满足大视场大孔径成像的需要。

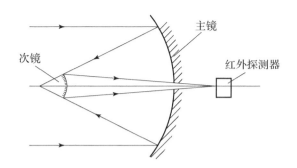

图 5.8　卡塞格林光学系统

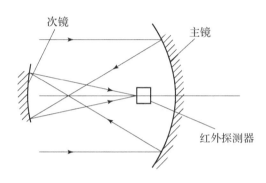

图 5.9　格里高利光学系统

（3）折反射组合式光学系统。将透射镜和反射镜组合可以综合以上两类系统的特点。用球面镜取代非球面镜，并用补偿透镜来校正球面反射镜的像差，可以获得好的像质。但是该类系统的体积较大、成本较高、加工难度也较大。典型的折反射光学系统有施密特光学系统和马克苏托夫光学系统。

①施密特光学系统。施密特光学系统的主镜是球面反射镜，如图 5.10 所示。可根据校正板厚度的变化来校正球面镜的像差。该系统结构尺寸较大，校正板加工困难。

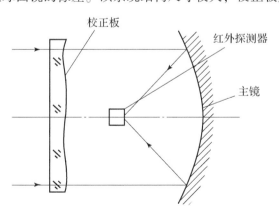

图 5.10　施密特光学系统

②马克苏托夫光学系统。马克苏托夫光学系统的主镜为球面镜，用负透镜（称为马克苏托夫校正板）矫正球面镜的像差，如图 5.11 所示。

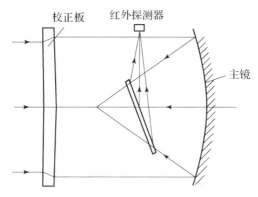

图 5.11 马克苏托夫光学系统

2. 红外物镜系统的几种光学现象

光学系统常常会存在以下几种现象。

(1) 色差: 宽光谱响应可能会产生相当大的色差, 所以光学系统通常会进行"色彩校正", 即在一个特定的波长处, 色差减小到最小, 但在其他波长处色差还会较大, 这对目标细节尤为重要。

(2) $\cos^N \theta$ 阴影效应: θ 是从透镜主平面处测量到的光轴与探测器之间的夹角, 该夹角导致了到达轴外探测元光强的减弱, 这种现象就是 $\cos^N \theta$ 阴影效应。单元探测器一直在轴上, 不存在 $\cos^N \theta$ 阴影效应。对于线阵探测器来说, 在与扫描方向垂直的方向上, $\cos^N \theta$ 变化会在线阵方向上显示出来, 如图 5.12 (a) 所示。对于凝视阵列来说, $\cos^N \theta$ 是从视场中心向外径方向对称衰减的, 如图 5.12 (b) 所示。

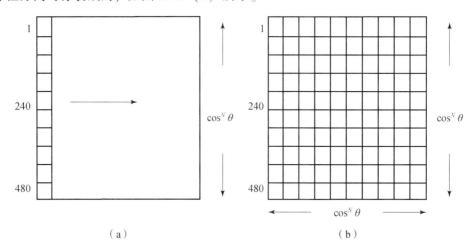

（a）   （b）

图 5.12 $\cos^N \theta$ 阴影效应

(a) 480×1 元扫描线阵的 $\cos^N \theta$ 阴影效应; (b) 480×480 元凝视阵列的 $\cos^N \theta$ 阴影效应

(3) 冷反射: 探测器发出的光从窗口或透镜反射回来 (即探测器可以观察到自己) 的现象就是冷反射效应。这种反射成像的聚焦越好, 冷反射效应就越明显, 对探测成像的影响越大, 显示在探测图像上的暗斑越明显。探测器阵列成像出现的是和探测器阵列尺寸一致的长方形暗区域。通过增益/电平归一化运算可以消除冷反射信号。

5.3.2 扫描器

扫描器的功能是将图像按顺序、完整地分解。常见的有单向扫描系统和双向扫描系统，如图 5.13 所示。

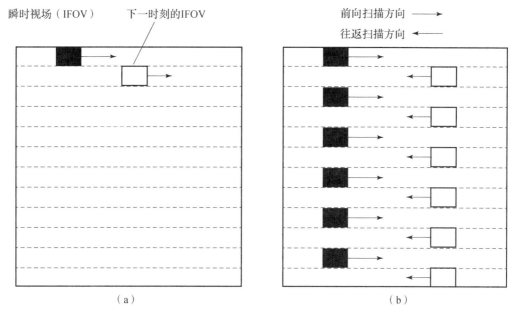

图 5.13 扫描示意图

（a）采用单向（光栅）扫描的单元扫描方式；（b）采用双向扫描和 2∶1 往返方式的线列扫描方式

5.4 探测器和探测器电路

红外探测器是整个成像系统的核心，因为红外探测器把红外辐射转换为了一个可测量的电信号，并且把目标的空间信息转变为电学上的时间信息，再经过放大器和信号处理就会产生电子图像，其中的不同电压/电流代表场景中的不同辐射光强度。一个红外探测器至少有一个对红外辐射产生敏感效应的物体，称为响应元。此外，还包括响应元的支架、密封外壳和透红外辐射的窗口。有时还包括制冷部件、光学部件和电子部件等。随着半导体材料、器件工艺的发展，结构新颖、灵敏度高、响应快、品种繁多的红外探测器不断被研发出来。本节首先介绍红外探测器的发展与分类，其次介绍红外探测器的性能参数和测量方法。

5.4.1 红外探测器的发展与分类

1. 红外探测器的发展

自从 1800 年赫谢尔发现了红外辐射以后，人类对红外探测器的研究就一刻也没有停止。

具有里程碑意义的事件包括：1821 年 Seebeck 发现了热电效应并研制出第一支温差电偶；1829 年将热电偶连成一串的第一个热电堆被研制成功；1833 年 Mellpni 利用金属铋和锑设计了热电偶；1880 年 Langley 利用金属铂制成两个薄板条，并将二者连接在一起形成惠斯顿电桥的两个臂，制成了热辐射计。

进入 20 世纪，红外热探测器的研发日新月异，图 5.14 是有重大意义的红外探测器研究成果及时间。其中典型事件有：1947 年 Golya 发明了气动式红外探测器；20 世纪 50 年代用半导体替代金属得到灵敏度更高的温差红外探测器；20 世纪 60 年代利用铁电体的自发极化与温度关系研发成功热释电型红外探测器；20 世纪 90 年代研制成热释电和热辐射计红外焦平面探测器阵列器件。

20 世纪 50 年代中期，工作在 1~3 μm 的高性能硫化铅（PbS）红外探测器首先用于空-空红外导弹。同一时期，发达国家研制出工作波长为 3~5 μm 的锑化铟（lnSb）材料和探测器，以及工作波长为 8~14 μm 的锗掺杂探测器，到了 20 世纪 60 年代，这两种器件都能用于机载红外武器系统。至此，三个重要的大气窗口都有了性能可靠、运行良好的红外探测器。特别值得一提的是，硫化铅、锑化铟和碲镉汞三种光电探测器，从单元发展到多元线列、小面阵、长线列和大面阵，极大地促进了热成像系统的研制。

2. 红外探测器的分类

红外探测器品种繁多、性能各异，从不同角度有不同分类。如按照工作温度，可分为低温探测器、中温探测器和室温探测器。低温探测器需要用液态的 He、Ne、N 进行制冷；中温探测器通常的工作温度为 195~200 K。根据响应波长的范围，可分为近红外、中红外和远红外探测器。根据结构和用途，则可分为单元探测器、多元阵列探测器和成像探测器。也有以探测器制作材料分类的说法，如 HgCdTe 探测器。其中，在三个大气窗口常用的红外探测器包括：①在 1 μm 以下，包括可见光在内，主要使用的硅探测器；在 1~3 μm 波段，常用的 PbS 探测器、铟砷化镓（InGaAs）探测器和 HgCdTe 探测器。由于 PbS 探测器响应时间较长，且 InGaAs 探测器比 HgCdTe 探测器性能更好，所以 InGaAs 探测器是短波红外的主要探测器。②InSb 材料在 3~5 μm 性能优越，所以中波红外的主要探测器是 InSb 探测器。③尽管 HgCdTe 探测器的光谱响应范围为 1~22 μm，但其最重要的探测波段为 8~14 μm，所以红外长波的探测器主要是 HgCdTe 探测器。最常见的是按照是否需要制冷装置，分为制冷型红外探测器（主要是光子红外探测器）和非制冷型红外探测器（也称为热红外探测器）。

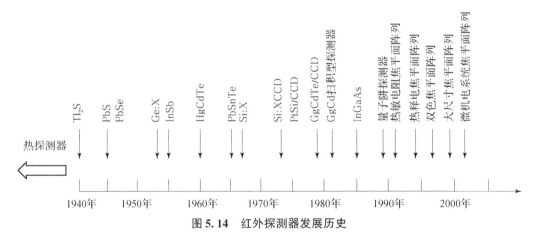

图 5.14　红外探测器发展历史

制冷型红外焦平面探测器的技术探索期为 1978—1986 年。起初人们主要研究的是 HgCdTe、InSb 单片式电荷注入器件，希望用一种材料同时完成红外辐射的光电转换和信号读出，但由于 HgCdTe、InSb 材料都是窄禁带的半导体，形成的势阱容量不足，探测到的红外辐射背景通量很大，不利于探测目标。所以，随后人们开始进行混合式结构的研究，即红外探测器列阵用 HgCdTe、InSb 材料，信号处理电路用硅集成电路，再将二者连接形成一个焦平面探测器芯片组件。1986 年之后，制冷型红外探测器的技术已经成型。随后的 10 年间，技术路线主要集中在混合式结构上，成功研制了各种规格的红外焦平面探测器，开始进入系统应用阶段。同时，也用其他材料研制探测器，如肖特基势垒红外焦平面探测器采用的是 Pt：Si 等薄膜材料。这一时期研制的红外焦平面探测器规格有：扫描型的 288/240 × 4、480 × 4/6、576 × 6、768 × 8 等，凝视型的 128 × 128、256 × 256、320 × 240、384 × 288、512 × 512、640 × 480 等。从 1997 年至今，形成红外焦平面探测器主流产品，并投入大规模生产。当然，由于成本过高，也有一些研制出的产品未能大规模生产，如 HgCdTe 640 × 480 的焦平面探测器。

鉴于制冷型红外探测器在体积、功耗、价格和可靠性方面的不足，美国军队夜视实验室联合美国国防研究规划局，设立专项基金支持非制冷型红外成像技术的研究。在 1979—1992 年，主要是对两种材料——热释电材料和氧化钒材料，以及两种技术路线——混合式（金属凸点阵列/有机物 – 金属膜凸点阵列）和单片式（硅微桥阵列）进行了探索。标志性的产品有美国得克萨斯公司研制的 328 × 245 的钛酸锶钡非制冷红外焦平面探测器和霍尼韦尔光公司研制的 336 × 240 的氧化钒微测辐射热计的非制冷型红外焦平面探测器。1992 年以后技术已经成熟，形成的主流产品是混合式、集成式的。并且一直在探索新的材料、新的工艺和新的技术，希望解决微测辐射热计的非制冷型红外焦平面探测器的功耗问题、减小探测元的尺寸、进一步降低成本、研制更大规模的器件等。

5.4.2 光子红外探测器

光子红外探测器一般是由半导体材料制成的。由于光电效应是满足一定能量的光子直接激发光敏材料的束缚电子，使之成为导电电子，因此光敏材料的禁止带宽或杂质能级影响其响应波长，换句话说，光敏材料对波长的响应是有选择性的。光子探测器是利用响应元内的电子直接吸收红外辐射的光子能量而发生运动状态的改变所导致的电导改变或电动势产生等，度量入射辐射的强弱，因此，光子探测器的相应波长是有选择性的。

1. 根据工作模式的不同分类

（1）光子发射探测器：当光照射在某些金属、金属氧化物或半导体材料表面时，如果光子的能量足够大，就能使其表面发射电子，利用该效应制成的探测器就是光子发射探测器（常见的有可见光光子探测器和红外光子探测器）。

（2）光电导探测器：半导体吸收能量足够大的光子后，半导体的一些载流子从束缚状态转变到自由状态，使得其导电率增大，利用半导体的光电效应制成的探测器就是光电导探测器，又称为光敏探测器。应用最多的光电导探测器有硫化铅、硒化铅、锑化铟和碲镉汞等探测器。

（3）光伏红外探测器：光伏效应是指在光照射下，半导体内部产生的电子 – 空穴对，在静电场作用下发生分离，产生电动势的现象。利用光伏效应制成的探测器就称为光伏探测器。

光伏探测器主要有锑化铟、碲镉汞、碲锡铅、铟镓砷和铟镓砷锑等探测器。

（4）光磁电红外探测器：半导体表面吸收光子后，在表面产生的电子 – 空穴对要向体内扩散。扩散过程中，如果受到强磁场的作用，电子和空穴各偏向一侧，就会产生电位差，这种现象称为光电磁效应。利用该效应制作的探测器就是光磁电探测器。光磁电探测器主要有锑化铟、碲镉汞等探测器。

2. 根据红外辐射激发电子跃迁的不同分类

（1）本征红外探测器：利用本征光吸收制成的探测器。

（2）非本征红外探测器：利用非本征光吸收制成的探测器。掺有杂质的半导体在光照下，中性施主的束缚电子可吸收光子跃迁到导带，中性受主的空穴也可吸收光子跃迁到价带，这种吸收称为非本征吸收。

非本征红外探测器与本征红外探测器的主要区别是前者的吸收系数低，仅 $1 \sim 10$ cm^{-1}，而后者可达 $10^3 \sim 10^4$ cm^{-1}。非本征器件要想得到与本征器件相同的性能，要求有更低的工作温度。这类器件应用的主要材料有 Si:Ga、Si:As、Ge:Cu、Ge:Hg 等。

（3）自由载流子型探测器：该类探测器在吸收光子后并不引起载流子数目变化，而是引起载流子迁移变化。这类探测器需要的工作温度极低。自由载流子型探测器主要有铂硅（PtSi）、硅化铱（IrSi）等探测器。

（4）量子阱红外探测器：将两种不同半导体材料用人工的方法进行薄层交替生长形成超晶格，在界面能带有突变，电子和空穴被限制在低势能阱内，能量量子化，称为量子阱。量子阱红外探测器是利用量子阱导带中形成的子带间跃迁，并利用从基态激发到第一激发态的电子通过电场作用形成光电流的物理过程，实现对红外辐射的探测。

（5）量子点探测器：从结构和原理上都与量子阱探测器类似，只是具有更长的载流子俘获和弛豫时间，所以具有更低的暗电流和更高的光电响应。

5.4.3　热红外探测器

在热红外探测器研制中，最早是利用红外辐射热效应。这种探测器的响应元因吸收红外辐射而使温度升高，利用温度升高所导致的体积膨胀、电阻的改变、温差电动势的产生或自发电极化的改变等，度量入射辐射的强弱。热探测器可以工作在室温条件下。由于热红外探测器的响应仅依赖于吸收的辐射功率，与辐射的光谱分布无关，因此理论上讲，热红外探测器对一切波长的红外辐射都具有相同的响应。但是，由于热红外探测器的敏感面的吸收率在某一光谱区间比较低或高，使热红外探测器对不同波长的红外响应往往不同。为了克服阳光闪烁和 4.2 μm 处的大气吸收问题，一般选择红外长波段的情况比较多。热红外探测器的光谱响应主要取决于材料表面的镀膜性质。测辐射热计和热释电设备使用的都是热红外探测器。尽管热红外探测器不需要制冷，具有体积小等优点，但是其灵敏度不如光子红外探测器，所以，热红外探测器不可能完全取代光子红外探测器。

常见的热探测器有电阻测辐射热计、热电探测器、铁电测辐射热计（场增强热电探测器）和辐射热电偶。焦平面阵列上每个像素有一个连接底衬的敏感区，当场景的红外辐射照到某个探测像素时，该敏感区就会因吸收热辐射而使温度升高，其热量就会从该敏感区向四周扩散。图 5.15 是测辐射热计的基本组成。

1. 电阻测辐射热计

电阻测辐射热计是阻抗性装置，即敏感区吸收辐射后温度增加，引起电阻值的改变：

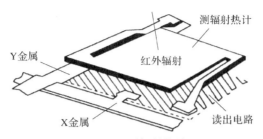

图 5.15　测辐射热计

$$\Delta R = \alpha R \Delta T \tag{5.7}$$

式中，ΔR 为电阻变化量；ΔT 为敏感区上像素温度的变化值；α 为电阻的温度系数，通常金属取 $\alpha = 0.002$（℃）$^{-1}$、半导体取 $\alpha = 0.02$（℃）$^{-1}$、超导体取 $\alpha = 2.0$（℃）$^{-1}$。

该红外探测器的响应率 k 定义为输出信号（电压或电流）除以输入辐射能量。设输出信号为

$$V_{\text{s}} = i_{\text{b}} \Delta R = i_{\text{b}} \alpha R \Delta T = \frac{i_{\text{b}} \alpha R \eta P_0}{G(1 + \omega^2 \tau^2)^{1/2}} \tag{5.8}$$

其中

$$\Delta T = \frac{\eta P_0 \exp(\mathrm{j}\omega t)}{G + \mathrm{j}\omega C} = \frac{\eta P_0}{G(1 + \omega^2 \tau^2)^{1/2}} \tag{5.9}$$

这里

$$\tau = \frac{C}{G} \tag{5.10}$$

式中，i_{b} 为探测像素的偏置电流；G 为热传导；ω 为角频率；τ 为热响应时间；η 为入射光的吸收率；C 为热容，P_0 为热辐射调制红外光功率的幅度。响应率 k 为

$$k = \frac{V_{\text{s}}}{P_0} \tag{5.11}$$

式中，V_{s} 为热电信号电压。

2. 热电探测器和铁电测辐射热计

热电探测器是利用材料的铁电效应设计的。其中一些铁电晶体可以显示出自发的电极化性质，即显示出相反性质的电荷，在常温下被内部自由电子中和。极化现象定义为每单位容积内的偶极子力矩，与温度有关。在居里温度之下，温度 ΔT 变化引起的表面电荷变化使外部电路中产生电流 I_{s}：

$$I_{\text{s}} = pA \frac{\mathrm{d}(\Delta T)}{\mathrm{d}t} \tag{5.12}$$

式中，p 为热电系数，是工作温度区域内极化对温度曲线的斜率；A 为像素探测的面积。

所谓居里温度，是磁石的一个物理特性，即当磁石加热到一定温度时，原来的磁性就会消失，这个温度就称为"居里温度"。

因为热电探测器是电容性的，其电容为 C_{e}、损失电阻为 R 时，热电信号电压 V_{s} 为

$$V_{\text{s}} = \frac{I_{\text{s}} R}{(1 + \omega^2 R^2 C_{\text{e}}^2)^{1/2}} \tag{5.13}$$

热电探测器的响应率 k 为

$$k = \frac{\eta \omega p A R}{G(1 + \omega^2 \tau_e^2)^{1/2}(1 + \omega^2 \tau^2)^{1/2}} \tag{5.14}$$

式中，$\tau_e = RC_e$。

铁电测辐射热计利用铁电热辐射效应实现其功能。铁电热辐射效应是指不外加电压就发生热电效应，外加了电压，存在电场时，热电材料显示出极化特性并且延伸到超出正常居里温度以上的区域的情况。

3. 热电偶探测器或温差电探测器

如果热电效应发生的电路是由两种不同电导率的材料组成的，如图 5.16 所示，当接点的温度不同时就会产生热电电压，该电压的大小与材料的类型和接点之间温差相关。

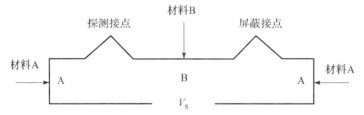

图 5.16　辐射热电偶

为了获得热电效应，必须把热电偶或温差电池以薄膜的形式沉积在隔热的基底上，这时热信号电压 V_s 等于

$$V_s = N(S_1 - S_2)\Delta T \tag{5.15}$$

式中，S_1 和 S_2 为热电系数，它们的差值是接点的热电功率；N 为常数。

其热电响应率为

$$k = \frac{\eta N(S_1 - S_2)}{G(1 + \omega^2 \tau^2)^{1/2}} \tag{5.16}$$

不同的探测器各有优缺点，常见红外探测器特点比较如表 5.1 所示。

表 5.1　常见红外探测器特点比较

探测器类型	具体类型		优点	缺点
热红外探测器	热电堆、测辐射热计、热释电		轻便、可靠、成本低、室温工作	响应频率低、响应速度慢（ms 工作量级）
	本征红外探测器	IV~IV（PbS，PbSe，PbSnTe）	易于准备、材料稳定	热膨胀系数高、介电常数大
		II~IV（HgCdTe）	禁带宽度易控制、有成熟的理论和实验、多色器件	大面积材料均匀性较差、生长加工的成本高、表面不稳定
		III~V（InGaAs，InAs，InSb，InSb）	好的材料和掺杂、先进的技术、可能实现单片集成	异质外延生长、具有大的晶格失配

续表

探测器类型	具体类型		优点	缺点
热红外探测器	非本征红外探测器 (Si:Ga, Si:As, Ge:Cu, Ge:Hg)		工作波长非常长、技术相对简单	产热量高、工作于极端低的温度
	自由载流子型探测器 (PtSi, IrSi)		成本低、高产量、大数目密集填充的二维阵列	低量子率、低温工作
	量子阱红外探测器	I 类 (GaAs/AlGaAs, InGaAs/AlGaAs)	成熟的材料生长、大面积材料均匀性好、多色器件	产热量高、复杂的设计和生长
		II 类 (InAs/InGaSb, InAs/InAsSb)	低俄歇复合率、易实现波长控制	设计和生长工艺复杂,对分界面敏感
	量子点探测器 (InAs/GaAs, InGaAs/InGaP, Ge/Si)		探测光垂直入射、产热量低	复杂的设计和生长

5.4.4 红外探测器的工作条件及性能参数

在给出性能参数时,必须注明其工作条件。

(一) 红外探测器的工作条件

主要的工作条件有以下几个方面。

1. 入射辐射的光谱分布

许多红外探测器对不同波长的红外辐射的响应能力不同,所以一般需要注明入射辐射的光谱分布。如果是单色光,则需要给出波长。对于黑体而言,还要给出黑体的温度。如果入射辐射经过调制,还需要给出调制的频率分布。

2. 电路频率范围

由于器件的噪声电压与电路的通频带宽度的平方根成正比,有些噪声还与频率有关,所以描述探测器的性能参数时,需要给出电路的频率范围。

3. 工作温度

探测器的输出信号、噪声、器件的阻值等与温度有极大关系,所以必须说明工作温度。

4. 光敏面的形状与尺寸

光电导器件的光敏面一般是方形的,从 0.1 mm × 0.1 mm 到 1 cm × 1 cm 左右。光磁电器件的光敏面,小的常为正方形,大的常为长方形。器件的信号和噪声都与光敏面的形状和大小有关,所以描述探测器的性能参数时,需要给出光敏面的形状与尺寸。

另外，器件的某些性质还与偏置情况有关，有些探测器与特殊的工作条件相关，都需要说明。

(二) 红外探测器的性能参数

红外探测器的性能参数主要有以下几个。

1. 响应率或响应度

探测器的响应度 R 是指探测器的输出信号 S 与入射到探测器的辐射功率 P 之比。即

$$R = \frac{S}{P} \qquad (5.17)$$

式中，R 的单位是 V/W 或者 A/W。

对于交流信号，可定义探测器响应度如下：

$$R_{0v} = \frac{V_S}{P} = \frac{V_S}{EA} \qquad (5.18)$$

或者

$$R_{0i} = \frac{I_S}{P} = \frac{I_S}{EA} \qquad (5.19)$$

式中，E 为投射到探测器光敏面上的均方根辐照度（W/cm^2）；A 为探测器的光敏面积（cm^2）。

2. 噪声等效功率

通常用探测器的噪声等效功率 NEP 来表征探测器可探测到的最小功率：

$$NEP = \frac{EA}{V_S/V_N} \qquad (5.20)$$

式中，E 为投射到探测器光敏面上的均方根辐照度（W/cm^2）；A 为探测器的光敏面积（cm^2）；V_S 和 V_N 分别为该辐照度下探测器的输出信号的均方根电压和噪声的均方根电压。也可根据响应率的定义写成以下形式：

$$NEP = \frac{\mu_n}{R} \qquad (5.21)$$

式中，μ_n 为探测器自身噪声电压。

3. 探测率

探测率是噪声等效功率的倒数。即

$$D = \frac{1}{NEP} \qquad (5.22)$$

由于探测器的噪声等效功率与探测器的面积的平方根和噪声等效带宽的平方根成正比，因此，仅用噪声等效功率的数值很难比较两个面积不同、带宽不同的探测器的优劣。所以需要定义一个与面积、带宽无关的数值，这个数值的倒数称为星探测率或归一化探测率。

$$D^* = \frac{(A \cdot \Delta f)^{1/2}}{P_N} = D (A \cdot \Delta f)^{1/2} = \frac{V_S/V_N}{P}(A \cdot \Delta f)^{1/2} \qquad (5.23)$$

式中，Δf 是噪声等效带宽，D^* 的单位是 cm·Hz$^{1/2}$/W，一般使用探测率这个术语时，多指的是 D^*。

4. 光谱响应

探测器的光谱响应是指探测器受到不同波长的光照射时，响应率随入射辐射波长的变化而变化。光谱响应可以绘制成横坐标代表波长、纵坐标代表特性参数的曲线。

5. 响应时间

当一定功率的辐射突然照射到探测器上时，探测器的输出电压要经过一定时间才能上升到与这一辐射功率相对应的稳定值。当辐射突然除去后，输出电压也要经过一定时间才能下降到辐照之前的值，这种上升或下降所需的时间称为探测器的响应时间。

在某一时刻以恒定辐射去照射探测器，其输出信号 u_t 按指数规律上升到一个稳定值 U_0，如图 5.17 所示。

$$u_t = U_0 \left[1 - \exp\left(-\frac{t}{\tau} \right) \right] = 63\% \, U_0 \tag{5.24}$$

式中，τ 为响应时间，τ 的物理意义是当探测器受到辐射照射时，输出信号上升到稳定值的 63% 所需的时间，它表征探测器对辐射响应的快慢，这个参数越小越好。

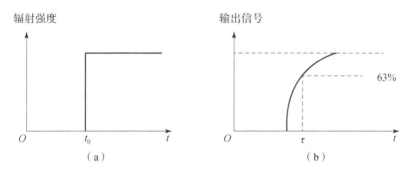

图 5.17　探测器响应时间曲线

（a）探测器入射辐射随时间的变化；（b）探测器输出信号随时间的变化

6. 频率响应

探测器的响应速度有限，其响应度随调制频率的变化就称为探测器的频率响应。

$$R_f = \frac{R_0}{(1 + 4\pi^2 f^2 \tau^2)^{1/2}} \tag{5.25}$$

式中，R_f 为调制频率等于 f 时的响应率；R_0 为频率接近零或恒定辐射时的响应率；τ 为响应时间。

红外探测器研制是红外研究中发展最快的领域之一，目前已经研发出双波段探测器。这种探测器可以同时对同一场景在两个不同波段上成像，如长波 – 中波探测器等。

5.4.5　探测器电路

每个探测单元都有自己的放大器，放大器的输出通过多路传输合并在一起（每个探测单元/放大器组合都有不同的增益和电压偏置），然后再数字化。多路传输通道的数量通常由设计决定，一个系统允许有几个多路开关和模/数转换器同时并行工作。图 5.18 是 LETI 的 NPN 双色探测器的连接示意图。大多数红外探测器的响应率和噪声均为温度的函数，所以探测器的温度受制冷器的制冷能力、制冷器设计、环境温度以及探测器周围的电子线路热负荷的影响。对恒温制冷器而言，探测器温度变化的范围一般不超过 1 K；对其他制冷器来说，探测器的温度变化范围通常为 − 5 ~ 5 K。探测器性能随着温度变化而变化，所以输入/输出的转换也在变化。

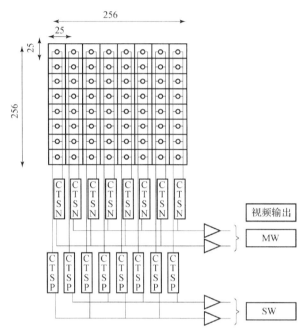

图 5.18 　LETI 的 NPN 双色探测器的连接示意图

5.5　数字化

红外系统的探测单元是离散的，需要对场景的空间进行采样。凝视系统中，探测单元的位置是对称的，在水平方向和垂直方向上的采样速率一般是相同的；而在扫描系统中，在扫描方向上可以以任意速率采样，但在与扫描垂直的方向上，探测单元的位置决定采样速率，所以，对扫描系统而言，在水平和垂直方向上采样速率并不一定相同。采样过程中有可能存在欠采样或过采样。欠采样指的是输入频率大于奈奎斯特频率（即采样频率的一半）的情况；相反，过采样指的是输入频率小于奈奎斯特频率的情况。需要说明的是欠采样和过采样仅仅是与奈奎斯特频率标准相比采到的信号少或多而已，并不意味着在具体应用中都是采样速率不够或者是存在过度采样。但是，任何大于奈奎斯特频率的输入信号都会被混叠到一个较低的频率上，以两倍的奈奎斯特频率减去输入频率的频率出现（即 $2f_N - f_0$）。这样频率混叠之后，原来的信号就无法再恢复了。能够精确重建的最高频率称为系统的截止频率。系统的截止频率是光学截止频率、探测器频率或奈奎斯特频率三者之中的最小值。光学截止频率为

$$f_{optical-cutoff} = \frac{D_0}{\lambda} \tag{5.26}$$

式中，D_0 为光学系统入瞳直径，其单位是 mm；λ 的单位是 μm，$f_{optical-cutoff}$ 的单位是周/mrad（周/毫弧度）。本式仅适用于单色光，如果要扩展到多色光，可用平均波长来计算。

探测器的截止频率为

$$f_{\text{DETECTER}} = \frac{1}{\text{DAS}} \tag{5.27}$$

$$\text{DAS} = \frac{d}{f} \tag{5.28}$$

式中，DAS 为探测器单元张角；d 为探测单元的尺寸；f 为有效光学焦距，光学焦距与采样频率 f_s 之间存在以下关系

$$f_s = \frac{f}{d_{cc}} \tag{5.29}$$

奈奎斯特频率为

$$f_N = f / (2 d_{cc}) \tag{5.30}$$

式中，d_{cc} 是探测元之间的中心距离。

5.6　图像处理

图像处理是通过算法来增强图像、抑制噪声，并且把图像数据转化为显示器所要求的格式，同时也包括对前面环节产生的不利影响的降低，如利用升压和插值等来改进像质。

5.6.1　增益/电平归一化

由于每个探测单元/放大器组合都会有不同的增益和偏置，这就导致了固定图形噪声或空间噪声的存在，如果其值很大，图像可能无法识别。所以，需要进行增益/电平的归一化，或者是对不同的探测单元进行非均匀性校正等。归一化是利用若干离散的输入强度对各个像元输出进行处理使之在数量级上相等。归一化强度的过程也常常称为标定点、标定温度参考点，简称定点。图 5.19 是两点校正后的响应率曲线示意图。如果所有探测元的响应率全部是线性的，则所有曲线都会重合。实际上，各个探测元的响应都是偏离线性的，所以，响应率差异是很明显的。这种差异导致了增益/电平归一化后固定图形噪声的存在。通过单点校正，可以使标定点处的噪声变得最小，如图 5.20 所示。同理，如果是两点校正，则两个参考点的空间噪声可以同时最小，同时，输入/输出变换都是参考点温度和背景温度的函数。

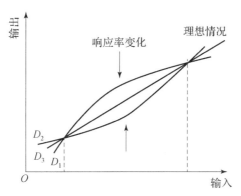

图 5.19　两点校正后的响应率曲线示意图

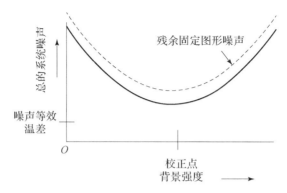

图 5.20　单点校正后的系统噪声

5.6.2　图像格式化

如果探测器阵列与要输出的模拟视频格式不相符，就需要进行图像格式化。如常见的单色视频格式有 485 线的美国 RS170 标准和 577 线的欧洲 CCIR 标准。如果探测系统输出的行信号不足时，则需要通过插值来补齐。插值的方法可以是复制视频线或者是利用算法实现。

5.6.3　伽马校正

用户的期望是"如果信号强度加倍，则显示器亮度也加倍"，也就是希望系统是线性的。但是，基于阴极射线管的显示器，输出亮度和输入电压之间是非线性的，它们之间在对数尺度上的关系的斜率即为显示器的伽马值。为了得到线性关系，需要在图像处理环节增加逆伽马处理（即伽马校正）。其过程表示如下：

系统的调制传递函数为

$$\text{MTF} = \frac{V_{\max} - V_{\min}}{V_{\max} + V_{\min}} = \frac{\dfrac{V_{\max}}{V_{\min}} - 1}{\dfrac{V_{\max}}{V_{\min}} + 1} \tag{5.31}$$

式中，$V_{\max}$ 和 $V_{\min}$ 是伽马校正之前的电压最大值和最小值。

伽马校正之后的模拟输出电压为

$$V_{\text{OUT}} = V_{\text{IN}}^{\frac{1}{\gamma}} \tag{5.32}$$

式中，γ 为伽马值。于是，伽马校正后的调制传递函数为

$$\text{MTF}_{\text{OUT}} = \frac{A^{\frac{1}{\gamma}} - 1}{A^{\frac{1}{\gamma}} + 1} \tag{5.33}$$

其中

$$A = \frac{1 + \text{MTF}}{1 - \text{MTF}} \tag{5.34}$$

显示器的亮度为

$$L = K(V_{OUT})^{\gamma} = K(V_{IN}^{\frac{1}{\gamma}})^{\gamma} = KV_{IN} \qquad (5.35)$$

式中，K 为线性常数。

通常商用电视的伽马值为 2.2，摄影机的伽马值为 0.45。

5.7　图像重建与图像显示

由于经过 A/D 转换的输出呈现阶梯形状，所以重建滤波器的作用就是使数据连线变得平滑（去除台阶），最终输出为模拟信号。图像重建子系统一般不会产生任何失真。

显示器并不是红外热成像系统的必不可少的组件，换句话说，显示器既可以集成在红外热成像系统中，也可以独立。但是，如果显示器与红外热成像系统是分开的，红外热成像系统要是有伽马校正，所选用的显示器就应该有相同的伽马值，否则像质会受到影响。

5.8　红外热成像系统的性能评价

红外热成像系统的性能评价是指利用已建立的热成像系统性能评价模型对所设计系统的性能进行预测，这对于寻找设计的不足，改善和提高热成像系统性能具有重要意义。

完整的热成像过程是：三维空间中景物的红外辐射通过红外光学系统投射到红外焦平面阵列上，由红外焦平面阵列转换成一维时间分布的电信号输出，经过后续的信号处理，最后再以二维空间分布的可见光信号再现景物的红外辐射场。在该过程中，景物辐射特性、大气、光学系统、焦平面阵列、电气部分、显示器、人眼等每一个环节都会影响到成像性能。

性能评价模型的历史可以追溯到 20 世纪 70 年代。美国夜视实验室建立了 NVL75 性能评价模型，适用于第一代红外成像系统，能够对中等空间频率的目标做出较好的预测，满足了美军当时的要求，伴随着焦平面阵列器件的出现，出现了 FLIR92 模型。它引入了三维噪声模型，全面表征了所有的噪声源，使复杂的噪声因素与 MRTD 模型公式的融合变得简单，可对扫描或凝视红外成像系统的静态性能进行预测。近年来还出现了 NVTherm 和 TRM3 模型。

热成像系统的性能主要包含静态性能和动态性能。静态性能描述系统对静态目标的成像能力，即景物的三维空间分布不随时间而变化；动态性能描述系统对动态目标的成像能力。热成像系统性能参量通常指系统的实验室可测试参量，如噪声等效温差（NETD）、最小可分辨温差（MRTD）、调制传递函数（MTF）等，进一步可扩展为系统的作用距离。红外热成像系统的成像质量必然要有一种客观的评价方法，通常我们采用多种特性参数测试来实现对红外热成像系统的评价。这些特性参数包含噪声和响应特性、图像分辨率特性、图像几何特性、个人主观特性等多类参数，其详细内容如表 5.2 所示。其中常用的红外热成像系统特性参数有噪声等效温差（NETD）、调制传递函数（MTF）、最小可分辨温差（MRTD）、最小可探测温差（MDTD）等。

表 5.2　红外热成像系统特性参数

序号	噪声和响应特性	图像分辨率特性	图像几何特性	主观特性	其他特性
1	固定图案噪声	调制传递函数	图像变形	最小可分辨温差	光谱响应函数
2	噪声等效温差	对比度传递函数	图像旋转	最小可探测温差	视距
3	非均匀性	空间分辨率	视场		温度稳定性
4	动态范围	瞬间视场			
5	信号传递函数	有效瞬间视场			

5.8.1　噪声等效温差（NETD）

1. 噪声等效温差的定义

NETD 是红外成像系统不同于可见光成像系统的主要指标之一，由于热成像系统是通过物体辐射温度成像，系统本身与景象周围辐射环境将产生噪声，其对图像质量均有较大的影响。因此，对系统噪声的评价是红外成像系统性能评价的重要工作之一。

噪声等效温差定义为：温度为 T_T 的均匀方形黑体目标，处在温度为 T_B 的均匀黑体背景中，热像仪对此目标进行观察，当系统输出的信噪比为 1 时，黑体目标和黑体背景的温差称为噪声等效温差。噪声等效温差描述了红外成像系统温度灵敏度特性，在系统测试中，NETD 值被定义为模拟视频信号输出或显示器输出

$$\text{NETD} = \frac{V_{\text{RMS}}}{\frac{A_d}{4\,(f/\#)^2}\int_{\lambda_1}^{\lambda_2}\tau_{\text{SYS}}(\lambda)\,\frac{\partial M_e(\lambda, T_B)}{\partial T}R(\lambda)\,\mathrm{d}\lambda} \tag{5.36}$$

式中，$f/\#$ 为光学系统的 F 数；A_d 为探测器的面积；τ_{SYS} 为大气的透射率；V_{RMS} 为系统的输出电压的均方根；M_e 为辐射出射度。

对于扫描型热成像系统，它的噪声分布在各个分系统中，由于扫描的作用，可以用时间性噪声来表示；应用噪声功率谱，把系统噪声等效为一个噪声源，插入探测器后，一般用测量 NETD 时的基准参考电子滤波器模拟一代热成像系统的探测器后续系统的滤波效果。最后可以使用 NETD 与系统噪声的带宽来求出系统噪声。

对凝视型热成像系统而言，二代 NETD 测量点设在视频信号输出口，系统显示之前，NETD 已不足以描述系统噪声。首先，NETD 的测量和计算都要求一个基准参考滤波器，以之来模拟后续的系统信号处理电路，而事实上，二代热成像系统的信号处理往往已出现在 NETD 的测量点之前；其次，从信号处理不均匀和焦平面不均匀性出来后的噪声对系统噪声有重大贡献，甚至占据主要地位，而 NETD 显然不能描述这些噪声。

事实上，输出二代焦平面的信号中已包含了时间空间随机的噪声、时间无关空间相关的噪声、空间相关时间无关的噪声。为此引进了三维噪声分析方法，三维是指空间的水平、垂直方向及时间方向。其中的时间空间随机的噪声项 σ_{TVH} 转换为对应的温度时，类似于 NETD 的形式，事实上，对于凝视阵列，人们经常把 σ_{TVH} 写成 NETD。由于 σ_{TVH} 主要受涨落噪声影响，其噪声功率谱是白噪声功率谱；同时，虽然有文献认为其他噪声（称为固定噪声）应

有其非空间的噪声功率谱，而且认为其空间噪声功率谱为白噪声功率谱，处理方法类似于 σ_{TVH}，当然这有一定的近似性，尤其会影响探测小目标的精度。虽然 NETD 已不足以描述二代热成像系统，但因为人们已习惯于使用它，因此对于二代热成像系统，模型中仍然使用 NETD，并由它推出 σ_{TVH}。

图 5.21 给出了某 320×240 红外焦平面阵列成像系统在环境温度为 20 ℃时的噪声等效温差的柱状图，可以看出不同行之间的噪声等效温差是不同的，取其平均值约为 0.10 ℃。

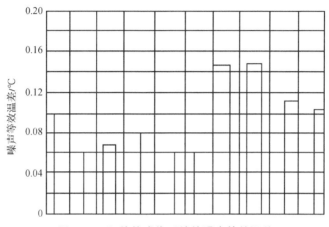

图 5.21　红外热成像系统的噪声等效温差

大家可以从像素、行（或列）、整个焦平面三种级别来考察系统的噪声等效温差。确定的像素噪声等效温差通常用来评价一个红外热成像整机系统。确定行或者整个焦平面的噪声等效温差测试必须在校正状态下完成。此外，噪声等效温差还是探测器环境工作温度的一个函数，因此对噪声等效温差进行测试时必须标明环境温度。

NETD 也可以利用测得的信号传递函数 SiTF 获得

$$\text{NETD} = \frac{V_{\text{RMS}}}{\text{SiTF}} \tag{5.37}$$

或利用测得的噪声 σ_{TVH} 和 SiTF 获得

$$\text{NETD} = \frac{\sigma_{\text{TVH}}}{\text{SiTF}} \tag{5.38}$$

2. 噪声等效温差的测量

图 5.22 是典型的噪声成分测试系统。

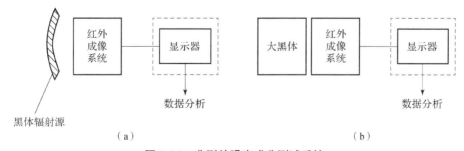

（a）　　　　　　　　　　　　　　　　　　　　　（b）

图 5.22　典型的噪声成分测试系统

（a）发射率为 1 的不透明外罩产生扩展源辐照度效果；（b）大的黑体辐射源充满系统视场

通过在红外系统上加一个不反射外罩可以实现对探测器的均匀辐照，或者是通过在系统视场内放置一个大面积黑体辐射源的方法也可以实现对探测器的均匀辐照。需要特别强调的是光源和外罩必须覆盖整个探测器的敏感区。另外，为了确定任何能观察到的非均匀性现象不是由于辐射源造成的，应当移动辐射源验证图像没有发生变化。如果图像发生变化，那就是由于辐射源的缺陷造成的。

利用帧间相减技术可以确定 σ_{TVH}。图 5.23 是确定 σ_{TVH} 的实验装置。

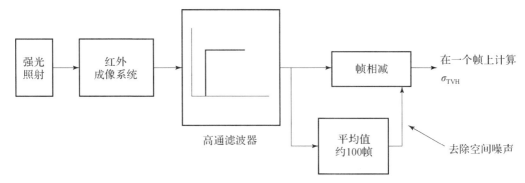

图 5.23　用于确定 σ_{TVH} 的实验装置

5.8.2　调制传递函数（MTF）

1. 调制传递函数的定义

调制传递函数可以衡量热成像系统如实再现场景的程度，它是具有不同时空频率特性的各组成部分共同作用的结果。在 NVTHERM 等模型中，通常假设热成像系统是个线性系统，目标上的每个点通过点扩散函数在像面成像，像面所成图像是物面的无数点与点扩散函数卷积后累加的结果。图 5.24 示意了调制传递函数在成像过程中所起的作用。红外热成像系统的调制传递函数主要由光学系统、探测器、电路和显示器等 4 个组成部分决定。

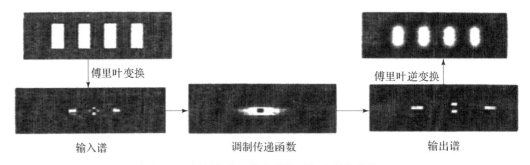

图 5.24　调制传递函数在成像过程中所起的作用

红外热成像系统的波长范围较宽，而且接收的景物辐射是非相干的，其光学系统可以认为是衍射限制光学系统。衍射限制光学系统的传递函数取决于其波长和孔径。对于常见的圆形孔径，衍射限制下的调制传递函数为

$$\mathrm{MTF}_{\mathrm{diff}}(f) = \frac{2}{\pi}\left\{\arccos\left(\frac{f}{f_{\mathrm{c}}}\right) - \left(\frac{f}{f_{\mathrm{c}}}\right)\left[1 - \left(\frac{f}{f_{\mathrm{c}}}\right)^2\right]^{\frac{1}{2}}\right\} \tag{5.39}$$

式中，f_c 为截止频率，它由波长和 F 数决定，$f_c = (\lambda F/\#)^{-1} = (\lambda f)^{-1}$。除了衍射作用以外，成像过程还会受到光学系统像差的影响。由像差引起的弥散圆能量分布为高斯函数，具有圆对称形式，其标准偏差为 σ_r，其调制传递函数为

$$\text{MTF}_{\text{geo}}(f) = \exp(-2\pi^2 \sigma^2 f^2) \tag{5.40}$$

综合以上两个因素可得光学系统总的调制传递函数为

$$\text{MTF}_0(f) = \text{MTF}_{\text{diff}}(f) \cdot \text{MTF}_{\text{geo}}(f) \tag{5.41}$$

探测器对入射图像具有空间抽样和积分的作用，空间积分会产生高频混淆现象，其调制传递函数为

$$\text{MTF}_{\text{P}}(f) = \frac{\sin(\pi W f)}{\pi W f} \tag{5.42}$$

式中，W 为像素的有效探测长度。电子线路对信号的作用主要是低通滤波，通常把它描述为多极 RC 低通滤波器，其调制传递函数可表示为

$$\text{MTF}_{\text{elp}}(f_t) = \left[1 + \left(\frac{f_t}{f_{\text{elp}}}\right)^{2n}\right]^{1/2} \tag{5.43}$$

式中，f_{elp} 为电子线路的 3 dB 衰减频率。电子线路的时间频率要通过 IRFPA 的扫描速度转化为空间频率。CRT 显示器的点扩散函数近似为高斯分布函数，假设 CRT 显示器的调制传递函数为

$$\text{MTF}_{\text{m}} = \exp\left[-2\pi^2 (0.25)^2 \left(\frac{f}{f_0}\right)^2\right] \tag{5.44}$$

式中，f_0 为空间特征频率。因此，整个系统的调制传递函数为

$$\text{MTF}(f) = \text{MTF}_0(f) \cdot \text{MTF}_{\text{P}}(f) \cdot \text{MTF}_{\text{elp}}(f) \cdot \text{MTF}_{\text{m}}(f) \tag{5.45}$$

式中，MTF_{P} 为探测器调制传递函数；MTF_{m} 为显示器调制传递函数。

红外热成像系统可被看作一个线性系统。由线性理论可知，其输出函数与输入函数之间存在着确定的关系，这种关系称为光学传递函数 $O(f)$。

$$O(f) = \frac{L_{\text{out}}(f)}{L_{\text{in}}(f)} \tag{5.46}$$

式中，$L_{\text{in}}(f)$ 和 $L_{\text{out}}(f)$ 分别为输入和输出函数的傅里叶变换。记 $M(f) = |O(f)|$，称为系统的调制传递函数。因此调制传递函数可以反映红外热成像系统对不同空间频率图像信号的响应情况。

如果输入函数是阶跃函数，则其导数为 δ 函数，则 $L'_{\text{in}}(f) = 1$。由傅里叶变换理论可知

$$O(f) = L'_{\text{out}}(f) \tag{5.47}$$

如果输入图像满足阶跃函数要求，则可以利用式（5.47）计算出系统的调制传递函数。图 5.25 给出了用于测试水平调制传递函数的输出红外图像。测试输入图像由半月形靶标和其后的黑体构成，两者保持足够的温差，则半月形的直径部分满足阶跃函数要求，那么输出图像即可计算调制传递函数。图 5.26 给出了对应的调制传递函数曲线。可以看出，随着空间频率的升高，MTF 曲线逐渐降低，这反映了红外热成像系统对不同空间频率响应的区别。

图 5.25　水平 MTF 测试图像

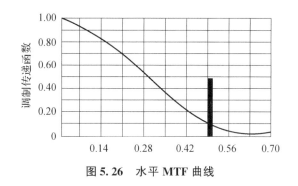

图 5.26　水平 MTF 曲线

2. 调制传递函数的测量

图 5.27 是通用 MTF 测试结构。图 5.28 是相应的数据分析方法。

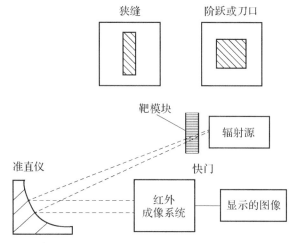

图 5.27　通用 MTF 测试结构

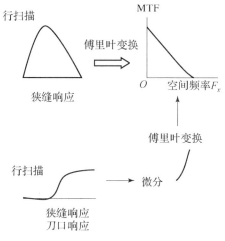

图 5.28　数据分析方法

狭缝靶是理想线在实际应用中的具体实现方式。通常狭缝的张角必须小于 DAS，一般取 0.1DAS。理想的情况下，狭缝的宽度还应该更窄，但是狭缝越窄，通过狭缝的辐射能量就越小，有可能会出现低于可利用的信噪比的情况。所以，测量中必须精确地知道狭缝的宽度，还应该在几个不同的位置进行测量，以确保测量结果的一致性。通常可以用一根加热的金属线来替代狭缝，但是金属受热会导致延长，所以加热时需要用弹簧拉紧它。

MTF 也可以通过切口扩散函数获得。切口扩散函数也被称为边缘响应函数、刀口响应函数或者阶跃函数。不过需要先对切口响应做微分运算获得线扩散函数后，再进行傅里叶变换，才能得到 MTF。需要注意的是对于含噪声系统而言，微分运算会突出噪声影响，进而影响到 MTF 的结果。通过减小系统增益以减小噪声，同时利用增加目标的信号强度来增大信噪比有利于该问题的解决。

5.8.3　最小可分辨温差（MRTD）

在热成像系统中，MRTD 是综合评价系统温度的分辨力和空间分辨力的主要参数，它不仅包括了系统特征，也包括了观察者的主观因素。其定义是：对具有某一空间频率的 4 个条带（长宽比为 7∶1）目标的标准黑体图案，由观察者在显示屏上做无限长时间的观察。当目标与背景之间的温差从零逐渐增大到观察者确认能分辨（50% 的概率）出 4 个条带的目标图案为止，此时目标与背景之间的温差称为该空间的最小可分辨温差。MRTD 是空间频率 f 的函数，当目标图案的空间频率变化时，相应的可分辨温差是不同的。

MRTD 不仅是设计红外成像系统的重要依据，还可以它为准来估计系统的作用距离。对于凝视型的热像仪，其中考虑了三维噪声，它的最小可分辨温差计算模型为

$$\text{MRTD}(f) = \left[\frac{\pi^2 \text{SNR}_{\text{TH}} \sigma_{\text{tvh}} K_z(f)}{8 \text{MTF}_z(f)}\right](E_t E_h(f) E_v(f))^{\frac{1}{2}} \tag{5.48}$$

式中，σ_{tvh} 为随机时空噪声；$K_z(f)$ 为噪声校正函数，下标 z 代表 h 或 v；SNR_{TH} 为识别 4 个条带目标的阈值信噪比，这里采用 FLR92 的推荐值 2.6；E_t 为人眼的时间积分函数，$E_h(f)$ 和 $E_v(f)$ 为人眼空间积分函数，其表达式分别为

$$\begin{cases} E_t = \dfrac{\alpha_t}{F_R \tau_E} \\ E_h(f) = \dfrac{1}{R_h}\left(\int \text{MTF}^2(\omega) \text{sinc}^2\left(\dfrac{\omega}{f}\right)\text{d}\omega\right) \\ E_v(f) = \dfrac{1}{R_v}\left(\int \text{MTF}^2(\omega) \text{sinc}^2\left(\dfrac{7\omega}{f}\right)\text{d}\omega\right) \end{cases} \tag{5.49}$$

式中，α_t 为采样相关程度；F_R 为帧频；τ_E 为人眼积分时间；R_h 为水平采样率；R_v 为垂直采样率；$\text{MTF}(\omega)$ 为系统噪声滤波器描述函数。

最小可分辨温差的测试通常由不同人的观瞄大小不同、距离不同的红外靶标来完成的。靶标图案通常如图 5.29 所示。测试时，靶标后放置黑体，并与靶标保持固定温差，然后由人眼观察，如果人眼能够刚好分辨靶标图案，则此温差即为该距离该视角的最小可分辨温差。图 5.30 给出了不同空间频率下的最小可分辨温差曲线。

图 5.29　靶标图案

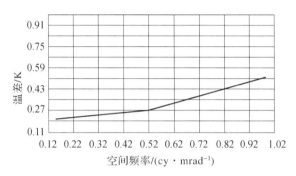

图 5.30　不同空间频率下的最小可分辨温差曲线

5.8.4　最小可探测温差（MDTD）

MDTD 是综合评价热成像系统的重要参数之一。它既反映系统的热灵敏特性，也反映了系统的空间分辨能力。MDTD 是目标尺寸的函数，其定义为：当观察者的观察时间不受限制时，在系统显示屏上恰好能分辨出一定尺寸的方形或圆形目标及所处的位置时，目标与背景的温差称为对应目标尺寸的最小可探测温差 MDTD，其数学表达式为

$$\mathrm{MDTD}(f) = 2.14 \cdot \frac{\mathrm{MTF}(f)}{\overline{I}} \cdot \mathrm{MRTD}(f) \tag{5.50}$$

要准确地求出方块目标经系统所成像的相对平均值 $\overline{I}$ 是相当困难的，这也是 MDTD 在应用上的不便之处。在这里只讨论点目标，即目标尺寸比探测器的张角要小，所以近似计算 $\overline{I}$ 为

$$\overline{I} = \frac{W_{\mathrm{T}} H_{\mathrm{T}}}{\alpha \beta} \tag{5.51}$$

式中，W_{T} 和 H_{T} 分别为目标的水平尺寸和垂直尺寸（mrad）；α 和 β 分别为系统的水平和垂直瞬时视场角（mrad）。

5.9　红外热成像系统的作用距离估算

红外热成像系统的重要指标之一是在规定的气象条件下对特定目标进行观察、识别和认清作用距离，该作用距离分别称为观察距离、识别距离和认清距离。作用距离是红外热成像

系统的主要战术指标，对系统的设计具有决定性的作用。作用距离包含两种计算模型：点目标模型和扩展源模型。当目标成像不足以充满一个像素时就可以把目标看成是点目标。理论上只要目标到达系统的辐射能量大于系统的探测阈值，系统就有响应，就可以探测出目标。而事实上，对目标探测的主要目的就是获取目标的确切信息，如目标的类型、型号等，因此点目标模型并没有实际的意义。此时要把目标看成是扩展源目标来研究。在研究红外热成像系统对这类目标的作用距离时，不能仅仅考虑目标的辐射能量，还要考虑目标的大小和形状对视距估算的影响。

5.9.1　扩展源目标的视距估计模型

MRTD 被用来估算热成像系统的视距，其基本思想是：空间频率为 f 的目标与背景的实际温差经过大气传输，到达热成像系统时仍大于 MRTD(f)；同时目标对系统的张角应大于或等于观察水平所要求的最小张角。视距估算的传统表达式为

$$\begin{cases} \Delta T(R) \geqslant \Delta T_{\mathrm{MRTD}}(f) \\ \theta \leqslant \dfrac{h}{N_e \cdot R} \end{cases} \tag{5.52}$$

式中，f 为目标的特征空间频率；R 为目标到系统的距离；ΔT 为到达热成像系统时目标与背景的温差，它是距离 R 和空间频率 f 的函数；N_e 为按 Johnson 准则所要求的目标等效条带数；h 为目标高度；θ 为目标对系统所成的张角。

5.9.2　视距估算的修正因素

热成像系统的静态性能参量是实验室参量，当系统用于实际目标的探测时，目标特性与环境条件并不满足实验室标准条件，同时各种观察等级和概率也将对观察效果产生影响，因而必须对 ΔT_{MRTD} 及其他一些参量进行修正。

1. 大气传输衰减

对于实际目标的探测，目标的红外图像信息总是要经过大气传输衰减的，不能忽略其影响，且实际中大气衰减是最主要的影响项之一。对小温差的目标图像的探测，热成像系统接收目标与背景辐射功率差所产生的信号与其间的温度差成正比。设黑体目标与背景之间的零视距（$R=0$）表观温差为 ΔT_e，经过一段距离 R 的大气传输到达热成像系统时，目标与背景之间的等效温差 $\Delta T(R)$ 可近似表示为

$$\Delta T(R) = \Delta T_e \mathrm{e}^{-\sigma R} = \Delta T_e \tau_a(R) \tag{5.53}$$

式中，σ、τ_a 分别是热成像系统工作波段内，沿目标方向 R 距离上大气传输的平均消光系数和平均大气透射率。

大气传输衰减影响着热成像系统的视距，不同大气条件所产生的衰减有很大的差别。因此，在热成像系统的技术指标中，应有明确的大气条件（如大气压、温度、相对湿度、能见距离、传输路径等）。

2. 观察水平的确定

观察水平是将系统性能与人眼视觉相结合的一种视觉划分方法，需通过视觉心理实验来

完成。目前公认的划分方法是 Johnson 准则，即根据实验把目标的观察问题与等效条带图案的观察问题联系起来，把视觉观察水平分为发现、识别和认清，如表 5.3 所示。

表 5.3　视觉观察水平的 Johnson 准则

观察水平	定义	所属条带数 N_0
发现	在视场内发现一个目标	$2.0^{+1.0}_{-0.5}$
识别	可将目标分类	$8.0^{+1.6}_{-1.4}$
认清	可区分目标型号及其他特征	$12.6^{+3.2}_{-2.8}$

通常，随机噪声限制发现性能，系统放大率限制分类性能，调制传递函数限制识别性能，扫描光栅限制认清性能。不同观察水平所需的条带数有较大的差别，对视距的影响也很大，以不同立场（系统设计、方案论证或技术指标的提出等）分析热成像系统视距，应统一观察水平。另外，由于上述各观察水平所需要的条带数 N_0 是在 50% 的概率下得到的。因此，其他概率对应的条带数将有一些变化。利用概率积分拟合，可将条带数 N_e 与概率 P 的关系表示为

$$P = \frac{1}{\sqrt{2\pi}} \int_{-\infty}^{\frac{N_e - N_0}{\sigma}} \exp\left(-\frac{z^2}{2}\right) dz \tag{5.54}$$

式中，发现、识别和认清三种观察水平对应的 σ 值分别为 0.625、1.882 和 3.529。在视距估算时，可根据要求的观察水平和概率迭代求解，确定所需的条带数目。

3. 目标形状的影响

实验室性能参量 ΔT_{MRTD} 的测试图案是长宽比为 7：1 的 4 个条带目标，而实际目标的等效条带图案的长宽比一般不满足上述条件，因此，在视距估算时，应根据实际目标所对应的长宽比做出修正。设目标高度为 h，目标方向因子（高宽比）为 α_m，观察水平所需的等效条带数为 N_e，则目标的等效条带图案的长宽比变为

$$\varepsilon = \begin{cases} N_e \alpha_m & \text{在 } x \text{ 方向} \\ N_e / \alpha_m & \text{在 } y \text{ 方向} \end{cases} \tag{5.55}$$

条带长宽比和人眼的空间积累性能有关，条带越长则积累越大，可觉察的信噪比也越高。由 ΔT_{MRTD} 表达式可知，考虑长宽比的实际目标 $\Delta T_{MRTD,a}$ 应修正为

$$\Delta T_{MRTD,a}(f) = \sqrt{\frac{7}{\varepsilon}} \Delta T_{MRTD}(f) \tag{5.56}$$

式中，$\Delta T_{MRTD}(f)$ 为实验室得到的最小可分辨温差。

5.10　红外热成像系统的特性参数测试平台

红外热成像系统的特性参数测试平台由黑体系统、红外辐射准直反射系统、被测试的红外热成像系统、监视器和 PC 构成，其结构如图 5.31 所示。红外辐射准直反射系统由两片红外辐射反射镜构成，其中一片为平面镜，另一片为离轴抛物面镜。黑体辐射源在离轴抛物面

镜的焦点上，因此，黑体发出的红外辐射经两次反射后平行出射，并垂直投射到红外焦平面上。由于反射镜的红外辐射略有吸收，因此，测试数据要经过反射系数修正。

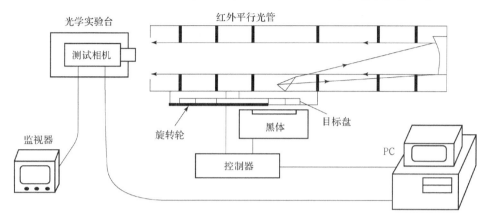

图 5.31 红外热成像系统的特性参数测试平台

黑体系统由温度可控平面黑体辐射源和黑体靶标组成。黑体靶标位于黑体辐射源的前端，并且两者紧紧相贴。黑体靶标被固定在一个可以旋转的圆盘上，圆盘可以固定 6 个靶标，通过旋转圆盘到不同的角度可以测试不同的靶标图案。如果移走位于平面黑体辐射源前面的圆盘，则可以让温度均匀的黑体辐射平面充满红外热成像系统的视场，此时可以测试红外焦平面响应的非均匀性和温度响应曲线。黑体辐射经红外辐射准直反射系统的反射，垂直入射到红外焦平面上。

平面黑体辐射源可以工作于两种模式：一种是静态模式，即平面黑体辐射源可以精确稳定在一个固定的温度；另一种是跟踪模式，即借助于圆盘上的温度传感器，平面黑体辐射源可以准确监视和跟踪其前面靶标的温度，并与之保持稳定的温差。平面黑体辐射源的工作模式和温度控制可以通过其面板进行设定，也可以通过其通信接口由 PC 控制。

黑体靶标配备有多种图案，以满足不同的测试要求，如图 5.32 所示。其中图 5.32（a）用于测试最小可分辨温差（MRTD），图 5.32（b）和图 5.32（c）用于测试噪声等效温差（NETD）和调制传递函数（MTF），图 5.32（d）用于测试视频图像的几何特性。

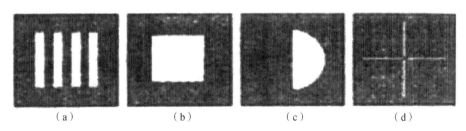

（a）　　　　　　（b）　　　　　　（c）　　　　　　（d）

图 5.32 黑体靶标测试图案

本章小结

本章内容将红外物理与红外技术应用联系了起来。对红外热成像技术发展和红外成像系统构成进行了介绍，目的是使读者对热成像有较全面的认识。在此基础上，基于红外热成像系统的通用组件按信号采集、变换、输出顺序分别对光学系统、扫描器、探测器、探测器电路、数字化方法、图像处理方法、图像显示进行介绍。它是红外热成像系统性能评价的基础，也是成像特性分析的基础。在热成像系统的基础上，还着重回答了如何评价一个热成像系统。这方面的知识既用于系统设计时对所设计系统性能的预估，也用于对所设计系统性能的测试。噪声等效温差和调制传递函数是红外热成像系统像质评价的两个重要参数，最小可分辨温差和最小可探测温差分别是评价系统温度分辨力、空间分辨力和热灵敏特性的重要参数，对这 4 个参数的测量是热成像系统评价测试必不可少的工作。引入热成像系统在特定条件下对特定目标发现、识别、认清时的作用距离，是热成像系统的主要技术指标，对扩展源视距的估算涉及目标的辐射能量、大小和形状等因素，以及大气的衰减等前导知识。最后概括介绍了系统特性参数的测试平台与测试方法。

本章习题

1. 简述热成像技术的基本过程。
2. 红外成像仪通常由哪几部分组成？其结构是什么？
3. 红外成像系统的基本参数如何计算？
4. 红外物镜系统有哪些类型？各有什么优缺点？
5. 常见红外探测器的类型及其优缺点各是什么？
6. 红外探测器有哪些性能参数？
7. 简单画出一点校正、两点校正、三点校正、五点校正的探测器输出曲线。
8. 试比较制冷型探测器和非制冷型探测器各有什么优缺点。
9. 凝视阵列中包含 512×512 个探测元。如果有效焦距为 40 cm，像元尺寸为 50 μm × 50 μm，探测元的中心距为 75 μm。（1）DAS 是多少？（2）系统的 FOV 是多少？（3）系统的奈奎斯特采样频率是多少？
10. MCT 探测器的光敏面为直径为 0.5 mm 的圆，黑体辐射在光敏面的强度（功率密度）为 13.5 μW/cm^2，选频放大器的通带宽度 $\Delta f = 4$ Hz，信噪比（$V_S + V_N$）/V_N = 100。求 D^*。
11. 名词解释：噪声等效温差、调制传递函数、最小可分辨温差、最小可探测温差、视距。
12. 热成像系统的性能主要包括什么？并分别说出它们的含义。
13. 对于不同的热成像系统而言，噪声等效温差（NETD）与系统噪声有什么关系？
14. 红外热成像系统的调制传递函数由哪些部分组成？
15. 估算热成像系统的视距的基本思想是什么？
16. 视距估算的修正因素有哪些？并做出简要描述。
17. 红外热成像特性参数测试平台由哪些部分构成？
18. 作用距离的计算模型有哪些？并做简要说明。

第6章

红外偏振成像原理与技术

红外偏振成像是红外探测成像科学中的一个新领域。它将可见光中的偏振成像技术引入红外领域，为红外探测和红外图像处理提供了新的思路和方法。它可以弥补热成像红外辐射需准确校准的不足，并取得高对比度的探测图像，在民用和军工领域均有相关应用，尤其在军工领域应用广泛。

 本章要点

（1）光的偏振的基本概念，不同偏振光的基本特点，以及它们之间的区别；

（2）红外偏振的成像原理、成像方式，不同类型目标的红外偏振特性；

（3）通过所列举的红外偏振成像与光强成像的图像分析结果更深刻地理解红外偏振成像的特点。

6.1 光的偏振

对于纵波，通过波的传播方向所作的所有平面内，波的运动情况都是相同的，其中没有一个平面显示出比其他任何平面特殊，即纵波具有对称性。对于横波来说，通过波的传播方向且包含振动矢量的那个平面显然和不包含振动矢量的任何平面都有区别，这说明波的振动方向对传播方向没有对称性。振动方向对于传播方向的不对称性称为偏振。根据麦克斯韦方程可知，电磁波是横波。电磁波在一定的平面内边振动边向前传播，这种波一般称为偏振波，在光的情况下称为"偏振光"。

实验证明，在光与物质的相互作用中起主要作用的是电场矢量，因此一般情况下主要研究光波的电场矢量。在空间任一点，电场矢量的大小和方向随时间变化的方式称为光的偏振，通常用电场矢量端点随时间变化的轨迹来描述，因此偏振光可以分为椭圆偏振光、圆偏振光和线偏振光。此外光的宏观偏振态还有自然光，部分偏振光。

1. 线偏振光

在光波的电偶极子辐射模型中，偶极子振荡产生的电磁波，因为电场波在包含偶极子的平面内振动，所以每个偶极子发出的光都是偏振光。设单个偶极子在 $x-y$ 平面内振动，光波沿 z 轴传播，则电场波在某一点处为

$$\begin{cases} E_x = A_x \cos(\tau + \delta) \\ E_y = A_y \cos(\tau + \delta) \\ E_z = 0 \end{cases} \tag{6.1}$$

式中，$\tau = \omega t - kz$，其中 ω 为振动角频率；A_x、A_y 分别为电矢量在 x 轴和 y 轴上的振幅分量；δ 为振动初相位。

$$\tan\theta = \frac{E_y}{E_x} = \frac{A_y}{A_x} \tag{6.2}$$

式中，θ 为与 x 轴的夹角

这种光矢量的方向不变，其大小随相位变换的光称为线偏振光。

2. 椭圆偏振光

平面电磁波是横波，其电场和磁场彼此正交。因此当光沿 z 方向传输时，电场只有 x 和 y 方向的分量。分量表示形式为

$$\begin{cases} E_x = A_x \cos(\tau - \delta_x) \\ E_y = A_y \cos(\tau - \delta_y) \\ E_z = 0 \end{cases} \tag{6.3}$$

如果把合成波的振幅用一端固定在原点的矢量 $\boldsymbol{E}$ 来表示，则（E_x，E_y）是该矢量另一端的坐标。为了求得电场矢量的端点所描绘的曲线，从式（6.3）中消去 τ，可得

$$\begin{cases} \dfrac{E_x}{A_x} = \cos\tau\cos\delta_x + \sin\tau\sin\delta_x \\ \dfrac{E_y}{A_y} = \cos\tau\cos\delta_y + \sin\tau\sin\delta_y \end{cases} \tag{6.4}$$

由此求得 $\cos\tau$、$\sin\tau$，然后取它们的平方和可得

$$\left(\frac{E_x}{A_x}\right)^2 + \left(\frac{E_y}{A_y}\right)^2 - 2\frac{E_x}{A_x}\frac{E_y}{A_y}\cos\delta = \sin^2\delta \tag{6.5}$$

式中，$\delta = \delta_y - \delta_x$。根据式（6.5）可知，$E_x$、$E_y$ 小于 A_x、A_y，矢量的端点和方向都在做有规律的变化，光矢量的末端沿着一个椭圆转动的光称为椭圆偏振光。椭圆的形状、转动方向与两直线偏振光的相位差 δ 及振幅比 $\frac{A_x}{A_y}$ 有关。特殊情况，如当 $\delta = 0$ 或 $\pm 2\pi$ 的整数倍时

$$E_y = \frac{A_x}{A_y}E_x \tag{6.6}$$

合成的电矢量是直线振动。当 δ 为 $\pm\pi$ 的奇数倍时

$$E_y = -\frac{A_y}{A_x}E_x \tag{6.7}$$

合成的电矢量也是直线振动，由二次表达式可知，当 $\sin\delta > 0$ 时，为右旋椭圆偏振光；当 $\sin\delta < 0$ 时，为左旋椭圆偏振光。

3. 圆偏振光

在椭圆偏振光中，令 $A_x = A_y$ 且 $\delta = \frac{m\pi}{2}$（$m = \pm 1$，± 2，$\cdots$），则该偏振光就成为圆偏振

光。因此圆偏振光的表达式为

$$\begin{cases} E_x = A_x \cos(\tau + \delta) \\ E_y = A_y \cos\left(\tau + \delta + \dfrac{\pi}{2}\right) \end{cases} \tag{6.8}$$

当 $\delta = \dfrac{\pi}{2} + 2m\pi\,(m = 0, \pm 1, \pm 2, \dots)$，$E_x = E_y$ 时，为右旋圆偏振光。

当 $\delta = -\dfrac{\pi}{2} + 2m\pi\,(m = 0, \pm 1, \pm 2, \dots)$，$E_x = E_y$ 时，为左旋圆偏振光。

4. 自然光

由于光波的传播方向具有对称且均匀分布的特性，所以在光波传播的垂直方向平面上又同时具有时间和空间分布的均匀性，若任一方向的电矢量 E 均可分为平行与垂直两个方向的分量，而且电矢量的时间平均值相等，这种光就是自然光，也称为非偏振光。自然光可以用强度相等、振动方向互相垂直的两个平面偏振光来表示。由于自然光中的各矢量没有固定的相位关系，因此方向不同的两个电矢量无法合成一个单独的矢量，但在数学上可以用两个振幅相等的非相干的波表示，通常用两个正交的线偏振光来表示自然光。

5. 部分偏振光

在普遍情况中，电矢量变化的方式既不是完全规则的，也不是完全无规则的，这种光称为部分偏振光。描述这种性质的波，一种最有效的方法是把它看成一定比例的自然光和偏振光叠加的结果，常用偏振度 P 来表示。

$$P = \frac{I_p}{I_{\text{总}}} = \frac{I_p}{I_p + I_u} \tag{6.9}$$

式中，I_p 是完全偏振光的强度；I_u 是自然光的强度；$I_p + I_u$ 是部分偏振光的总强度。

6.2　红外偏振成像的原理

6.2.1　偏振光的产生

一般的光源如太阳、电灯、蜡烛，所发出的光通常是自然光，既不是完全的偏振光，也不是完全的非偏振光。自然界大部分物质都具有类似起偏器的作用，因此，世间万物与自然光在相互作用过程中，例如在发生反射、折射等情况时就会产生部分偏振光或线偏振光，这样光的偏振特性就携带了物体的相关信息。

1. 反射及折射产生的偏振光

如图 6.1 所示，若入射光为一平面谐波，那么其反射波和折射波也是平面波。设入射光、反射光和折射光电场强度分别为 E_i、E_r、E_t，其平面波表达式分别为

入射光：
$$E_i = E_0^i \mathrm{e}^{i(\omega_i t - k_i l_{k_i} \cdot r)} \tag{6.10}$$

反射光：
$$E_r = E_0^r \mathrm{e}^{i(\omega_r t - k_r l_{k_r} \cdot r)} \tag{6.11}$$

折射光：
$$E_t = E_0^t \mathrm{e}^{i(\omega_t t - k_t l_{k_t} \cdot r)} \tag{6.12}$$

式中，$l_k = l_x \cos\alpha + l_y \cos\beta + l_z \cos\gamma$ 是波面的法向单位向量。$r = l_x x + l_y y + l_z z$ 是波传播空间任

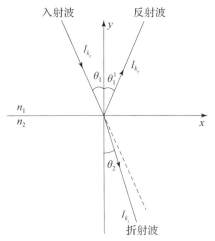

图 6.1　电磁波的反射与折射

一点的矢径，设原点取在分界面内，则 $k_i = \frac{2\pi}{\lambda_1} = \frac{\omega_i}{v_1}$、$k_r = \frac{2\pi}{\lambda_1} = \frac{\omega_r}{v_1}$、$k_t = \frac{2\pi}{\lambda_2} = \frac{\omega_t}{v_2}$，其中，$v_1$ 是介质 1 中的速度，v_2 是介质 2 中的速度，ω_i、ω_r、ω_t 则分别为入射光、反射光、折射光的圆频率。由边界条件，在介质的分界面上的电场强度 E 切向分量应该连续，即有

$$E_{0t}^i e^{i(\omega_i t - k_i l_{k_i} \cdot r)} + E_{0t}^r e^{i(\omega_r t - k_r l_{k_r} \cdot r)} = E_{0t}^t e^{i(\omega_t t - k_t l_{k_t} \cdot r)} \tag{6.13}$$

对于某一固定点，r 为常数，t 是变量，要使式（6.13）成立，就只有 $\omega_i = \omega_r = \omega_t = \omega$，这说明，由场边界条件可直接得出：光波在反射和折射时其频率保持不变。式（6.13）可化简为

$$E_{0t}^i e^{-ik_i l_{k_i} \cdot r} + E_{0t}^r e^{-ik_r l_{k_r} \cdot r} = E_{0t}^t e^{-ik_t l_{k_t} \cdot r} \tag{6.14}$$

同理，由于 E_{0t}^i、E_{0t}^r、E_{0t}^t 均为常数，而 r 为变量，所以式（6.14）成立的必要条件是 $k_i l_{k_i} \cdot r = k_r l_{k_r} \cdot r = k_t l_{k_t} \cdot r$，由此可以导出反射定律和折射定律

$$k_i l_{k_i} \cdot r = k_r l_{k_r} \cdot r \tag{6.15}$$

故有

$$r \cdot (k_i l_{k_i} - k_r l_{k_r}) = 0 \tag{6.16}$$

由于 r 是在分界面上的矢量，且可以任意方向。因此式（6.16）说明，$k_i l_{k_i} - k_r l_{k_r}$ 与分界面垂直，且由矢量性质可知，这时 l_{k_i}、l_{k_r} 与分界法线共面。同理，l_{k_i}、l_{k_t} 与分界面法线也共面，即

$$r \cdot (k_i l_{k_i} - k_t l_{k_t}) = 0 \tag{6.17}$$

由于任一偏振态的光均可分解为两个相互垂直的分量，一般是把它分解成在入射面内的分量（平行分量或称为 P 分量）和垂直于入射面的分量（垂直分量或称为 S 分量）。而平面电磁波在反射和折射时这两个分量是相互对立的（平行分量在反射、折射时只产生平行分量，垂直分量在反射、折射时产生垂直分量）。对于两个透明介质的分界面，电场强度 E 和磁场强度有以下边界关系

$$\begin{cases} E_{i\perp}^i + E_{r\perp}^r = E_{t\perp}^t \\ (H_{i//} - H_{r//}) \cos\theta_1 = H_{t//} \end{cases} \tag{6.18}$$

利用 $\sqrt{\mu} H = \sqrt{\varepsilon} E$ 进行变量代换，把变量 H 均换成 E，而对于均匀、透明的介质有：$\mu = 1$，

$\varepsilon_r = n^2$，再利用折射定律 $n_1 \sin\theta_1 = n_2 \sin\theta_2$，把式中的 n 消去，最后得到方程组

$$\begin{cases} (E_\perp^i - E_\perp^r)\sin\theta_2\cos\theta_1 = E_\perp^t\sin\theta_1\cos\theta_2 \\ E_\perp^i + E_\perp^r = E_\perp^t \end{cases} \tag{6.19}$$

联立式（6.16）和式（6.17），则式（6.19）变为

$$\begin{cases} (E_{0\perp}^i - E_{0\perp}^r)\sin\theta_2\cos\theta_1 = E_{0\perp}^t\sin\theta_1\cos\theta_2 \\ E_{0\perp}^i + E_{0\perp}^r = E_{0\perp}^t \end{cases} \tag{6.20}$$

求解得

$$\begin{cases} E_{0\perp}^r = \dfrac{\sin(\theta_1 - \theta_2)}{\sin(\theta_1 + \theta_2)} E_{0\perp}^i \\[3mm] E_{0\perp}^t = \dfrac{2\sin\theta_2\cos\theta_1}{\sin(\theta_1 + \theta_2)} E_{0\perp}^i \end{cases} \tag{6.21}$$

式（6.21）表示了反射光、折射光的垂直分量和入射光垂直分量之间的关系。当电场强度 **E** 平行于入射面时，同样可以得出反射光与折射光的平行分量与入射光的平行分量间有以下的关系：

$$\begin{cases} E_{0/\!/}^t = \dfrac{2\sin\theta_2\cos\theta_1}{\sin(\theta_1 + \theta_2)\cos(\theta_1 - \theta_2)} E_{0/\!/}^i \\[3mm] E_{0/\!/}^r = \dfrac{\tan(\theta_1 - \theta_2)}{\tan(\theta_1 + \theta_2)} E_{0\perp}^i \end{cases} \tag{6.22}$$

将式（6.21）和式（6.22）的结果写成如下的方程式，便是菲涅尔公式。利用它可以得出反射光和折射光的强度及相位变化等。

$$\begin{cases} \dfrac{E_{0\perp}^r}{E_{0\perp}^i} = r_\perp = \dfrac{\sin(\theta_1 - \theta_2)}{\sin(\theta_1 + \theta_2)} = \dfrac{n_1\cos\theta_1 - n_2\cos\theta_2}{n_1\cos\theta_1 + n_2\cos\theta_2} \\[3mm] \dfrac{E_{0/\!/}^r}{E_{0/\!/}^i} = r_{/\!/} = \dfrac{\tan(\theta_1 - \theta_2)}{\tan(\theta_1 + \theta_2)} = \dfrac{n_2\cos\theta_1 - n_1\cos\theta_2}{n_2\cos\theta_1 + n_1\cos\theta_2} \\[3mm] \dfrac{E_{0\perp}^t}{E_{0\perp}^i} = t_\perp = \dfrac{2\cos\theta_1\sin\theta_2}{\sin(\theta_1 + \theta_2)} = \dfrac{2n_1\cos\theta_1}{n_1\cos\theta_1 + n_2\cos\theta_2} \\[3mm] \dfrac{E_{0/\!/}^t}{E_{0/\!/}^i} = t_{/\!/} = \dfrac{2\cos\theta_1\sin\theta_2}{\sin(\theta_1 + \theta_2)\cos(\theta_1 - \theta_2)} = \dfrac{2n_1\cos\theta_1}{n_2\cos\theta_1 + n_1\cos\theta_2} \end{cases} \tag{6.23}$$

由式（6.23）可知，一般情况下，由于 $r_\perp \neq r_{/\!/}$，$t_\perp \neq t_{/\!/}$，因此反射和折射的偏振态与入射光不同。若入射为线偏振光，则反射光与折射光仍为线偏振光，但其振动方向要变。设 α 为振动面与入射面的夹角，称为振动方位角，当振动面绕光的传播方向顺时针转动时，方位角为正。入射光、反射光和折射光的振动方位角 α_i、α_r、α_t 分别定义为

$$\tan\alpha_i = \frac{E_{0\perp}^i}{E_{0/\!/}^i} \tag{6.24}$$

$$\tan\alpha_r = \frac{E_{0\perp}^r}{E_{0/\!/}^r} \tag{6.25}$$

$$\tan\alpha_t = \frac{E_{0\perp}^t}{E_{0/\!/}^t} \tag{6.26}$$

由菲涅尔公式可直接得出

$$\tan \alpha_r = \frac{\cos(\theta_1 - \theta_2)}{\cos(\theta_1 + \theta_2)} \tan \alpha_i \qquad (6.27)$$

$$\tan \alpha_t = \cos(\theta_1 - \theta_2) \tan \alpha_i \qquad (6.28)$$

由于 θ_1 和 θ_2 均在 $\left(0, \dfrac{\pi}{2}\right)$ 范围内，所以有

$$|\tan \alpha_r| \geqslant |\tan \alpha_i| \qquad (6.29)$$

$$|\tan \alpha_t| \leqslant |\tan \alpha_i| \qquad (6.30)$$

式中等号只有在正入射或掠入射 $\left(\theta_1 = 0 \text{ 或 } \theta_1 = \dfrac{\pi}{2}\right)$ 的情况下成立。由此可见，反射光的振动面是偏离入射面的，而透射光的振动面则转向入射面，此时不发生偏振现象。另外，当 $\theta_1 + \theta_2 = \dfrac{\pi}{2}$，即反射光与折射光相互垂直时，由折射定律 $\dfrac{\sin \theta_1}{\sin \theta_2} = n$ 可得

$$\tan \theta_1 = n \qquad (6.31)$$

式（6.31）就是布儒斯特定律，此时角度 θ_1 称为这种物质对于真空或空气的偏振角或布儒斯特角。当自然光以布儒斯特角入射时，反射光发生全偏振。可见，反射光和折射光的偏振态有以下三种情况：

（1）在正入射和掠入射时，反射光和折射光都仍是自然光。

（2）一般情况入射时，反射和折射均为部分偏振光。

（3）以布儒斯特角入射时，反射光是线偏振光（偏振度 $P = 1$），振动方向与入射面垂直，折射光则为部分偏振光，但这时偏振度最高。

2. 热辐射产生的偏振光

根据菲涅尔反射定律可知，当一束非偏振光入射到介质表面发生反射时会产生部分偏振光。另外，由基尔霍夫理论可知，物体的红外辐射也可以产生偏振效应。当目标的红外辐射入射到一个表面时，将会发生三种不同的变化，其中一部分能量被物体吸收，一部分能量从物体表面反射，还有一部分能量透射过物体。从前面可知，菲涅尔公式是在麦克斯韦方程的基础上推导得出的，而麦克斯韦方程是适用于一切电磁波的，所以菲涅尔公式也可用于一切电磁波，因此红外热辐射同样适用于菲涅尔反射定律。其中红外热辐射的菲涅尔公式如下：

$$\begin{cases} r_s = \dfrac{A'_{1s}}{A_{1s}} = \dfrac{n_1 \cos \theta_1 - n_2 \cos \theta_2}{n_1 \cos \theta_1 + n_2 \cos \theta_2} \\[2mm] r_p = \dfrac{A'_{1p}}{A_{1p}} = \dfrac{n_2 \cos \theta_1 - n_1 \cos \theta_2}{n_2 \cos \theta_1 + n_1 \cos \theta_2} \end{cases} \qquad (6.32)$$

热辐射的两个正交的偏振分量在两个不同介质表面发生反射时，由于其反射率不同，造成了反射辐射中两个偏振量的比例分布不平衡，从而引起了反射辐射的部分偏振性。根据基尔霍夫定律，物体的辐射率与其反射率有密切的关系，反射率不同可以引起反射辐射中偏振量的不平衡，从而红外热辐射产生了偏振效应。

6.2.2 偏振光的描述

1. 斯托克斯表示法

人眼无法直接观察到偏振光，需要将偏振光以某种信息的形式显示出来，以便人眼观察

或计算机识别与处理。光波的偏振态有多种表示方法，斯托克斯（Stokes）表示法是目前常用的光波强度和偏振态的描述方法，被描述的光可以是完全偏振光、部分偏振光和完全非偏振光。斯托克斯指出，一束光的偏振态可由 4 个参数 I、Q、U、V 完全表示，这组参数称为斯托克斯参数，都是光强的时间平均值，因此可以直接测量。斯托克斯参数定义如下：

设准单色偏振光沿正 z 方向转播，其平均频率为 v，设电矢量 $\boldsymbol{E}$ 的 x、y 分量分别为

$$\begin{cases} E_x(t) = E_{0x}(t)\cos\left[\varphi_1(t) - 2\pi vt\right] \\ E_y(t) = E_{0y}(t)\cos\left[\varphi_2(t) - 2\pi vt\right] \end{cases} \tag{6.33}$$

消去 $-2\pi vt$，可得到

$$\frac{E_x^2(t)}{E_{0x}^2(t)} + \frac{E_y^2(t)}{E_{0y}^2(t)} - 2\frac{E_x(t)}{E_{0x}(t)}\frac{E_y(t)}{E_{0y}(t)}\cos\delta(t) = \sin^2\delta(t) \tag{6.34}$$

式中，$\delta(t) = \varphi_2(t) - \varphi_1(t)$，是 E_x、E_y 之间的相位差。

对于单色光，振幅和相位差与时间无关，式（6.34）可以化简为

$$\frac{E_x^2(t)}{E_{0x}^2} + \frac{E_y^2(t)}{E_{0y}^2} - 2\frac{E_x(t)}{E_{0x}}\frac{E_y(t)}{E_{0y}}\cos\delta = \sin^2\delta \tag{6.35}$$

用 $\langle\ \rangle$ 符号表示对时间取平均值，对式（6.35）取平均值可以改写为

$$\frac{\langle E_x^2(t)\rangle}{E_{0x}^2} + \frac{\langle E_y^2(t)\rangle}{E_{0y}^2} - 2\frac{\langle E_x(t)\rangle}{E_{0x}}\frac{\langle E_y(t)\rangle}{E_{0y}}\cos\delta = \sin^2\delta \tag{6.36}$$

将式（6.36）两边乘以 $4E_{0x}E_{0y}$，并整理为

$$(E_{0x}^2 + E_{0y}^2)^2 = (E_{0x}^2 - E_{0y}^2)^2 + (2E_{0x}E_{0y}\cos\delta)^2 + (2E_{0x}E_{0y}\sin\delta)^2 \tag{6.37}$$

将括号内的各式分别用下面 4 个量表示

$$\begin{cases} S_0 = E_{0x}^2 + E_{0y}^2 \\ S_1 = E_{0x}^2 - E_{0y}^2 \\ S_2 = 2E_{0x}E_{0y}\cos\delta \\ S_3 = 2E_{0x}E_{0y}\sin\delta \end{cases} \tag{6.38}$$

对于准单色光，振幅和相位差与时间有关，可将式（6.38）推广为

$$\begin{cases} S_0 = I = \langle E_x^2(t)\rangle + \langle E_y^2(t)\rangle \\ S_1 = Q = \langle E_x^2(t)\rangle - \langle E_y^2(t)\rangle \\ S_2 = U = 2\langle E_x(t)E_y(t)\cos\delta(t)\rangle \\ S_3 = V = 2\langle E_x(t)E_y(t)\sin\delta(t)\rangle \end{cases} \tag{6.39}$$

式中，I 表示总的光强度；Q 表示 $0°$ 与 $90°$ 方向线偏振光分量之差；U 表示 $45°$ 与 $135°$ 方向线偏振光分量之差；V 代表右旋与左旋圆偏振光分量之差。在实际应用中，由于自然界中目标与大气背景的圆偏振的分量在仪器可以检测的范围内的探测量很小，相对于仪器误差可忽略不计，在一般工程探测和计算中认为 $V = 0$。因而，可以利用 I、Q、U 三个独立的斯托克斯参数来准确确定一束光线的偏振态，当一束光源与水平 x 轴的夹角为 α 时，观测的光强度为

$$I(\alpha) = \frac{1}{2}(I + Q\cos 2\alpha + U\sin 2\alpha) \tag{6.40}$$

因此，在实际探测时，如果可以测出三个不同角度的光强分量就可以计算出斯托克斯参

数。若确定 0°参考方向为初始位置，则需要将偏振片以逐步旋转到 45°、90°、135°三个不同位置，将 4 个不同偏振方向的光强分量代入式（6.40）化简可得

$$\begin{cases} I = I_0 + I_{90} = I_{+45} + I_{-45} = I_l + I_r \\ Q = I_0 - I_{90} \\ U = I_{+45} - I_{-45} \\ V = I_r - I_l \end{cases} \tag{6.41}$$

式中，I_0、I_{90}、I_{+45}、I_{-45}、I_r、I_l 分别表示放置在光波传播路径上的理想偏振片在 0°、90°、+45°、−45°方向上的线偏振光以及左旋 l 和右旋 r 圆偏振光。此外，还可以用 0°、60°、120°方向上线偏振光表示

$$\begin{cases} I = \dfrac{2}{3} \left[I(0°) + I(60°) + I(120°) \right] \\ Q = \dfrac{4}{3} \left[I(0°) - \dfrac{1}{2}(60°) - \dfrac{1}{2}(120°) \right] \\ U = \dfrac{2}{\sqrt{3}} \left[I(60°) - I(120°) \right] \end{cases} \tag{6.42}$$

$$\begin{cases} P = \dfrac{\sqrt{Q^2 + U^2}}{I} \\ \theta = \dfrac{1}{2} \arctan\left(\dfrac{U}{Q} \right) \end{cases} \tag{6.43}$$

由以上两种方法计算出斯托克斯参数及线偏振度 P 和偏振角 θ。

2. 穆勒矩阵表示法

当光束与物质相互作用时，出射光束的 4 个斯托克斯参数与入射光束的 4 个斯托克斯参数呈线性关系，为了表示斯托克斯矢量通过偏振元件时的变化，把穆勒（Mueller）提出的 4×4 矩阵称为穆勒矩阵。设入射偏振光的斯托克斯矢量为 E_1，偏振元件的穆勒矩阵为 M，则出射的偏振光 E_2 为：

$$E_2 = M \cdot E_1$$

在穆勒矩阵中，多个元件的作用可以用各个元件的穆勒矩阵的积来表示。由于斯托克斯矢量可以用于完全偏振光，也可以用于部分偏振光，所以穆勒矩阵也具有这一性质。对于线偏振器，当起偏器的透光轴与 x 轴成 θ 角时，起偏器的穆勒矩阵为

$$M_{(\theta)} = \frac{1}{2} \begin{bmatrix} 1 & \cos 2\theta & \sin 2\theta & 0 \\ \cos 2\theta & \cos^2 2\theta & \sin 2\theta \cos 2\theta & 0 \\ \sin 2\theta & \cos 2\theta \sin 2\theta & \sin^2 2\theta & 0 \\ 0 & 0 & 0 & 0 \end{bmatrix} \tag{6.44}$$

因此，当起偏器的透光轴沿 x 轴时，有

$$M_{(0°)} = \frac{1}{2} \begin{bmatrix} 1 & 1 & 0 & 0 \\ 1 & 1 & 0 & 0 \\ 0 & 0 & 0 & 0 \\ 0 & 0 & 0 & 0 \end{bmatrix} \tag{6.45}$$

$$M_{(90°)} = \frac{1}{2} \begin{bmatrix} 1 & -1 & 0 & 0 \\ -1 & 1 & 0 & 0 \\ 0 & 0 & 0 & 0 \\ 0 & 0 & 0 & 0 \end{bmatrix} \tag{6.46}$$

一个自然光通过起偏器 $M_{(0°)}$，其出射光为

$$\frac{1}{2} \begin{bmatrix} 1 & 1 & 0 & 0 \\ 1 & 1 & 0 & 0 \\ 0 & 0 & 0 & 0 \\ 0 & 0 & 0 & 0 \end{bmatrix} \begin{bmatrix} 1 \\ 0 \\ 0 \\ 0 \end{bmatrix} = \frac{1}{2} \begin{bmatrix} 1 \\ 1 \\ 0 \\ 0 \end{bmatrix} \tag{6.47}$$

表示得到的是能量减少一半的光矢量沿 x 轴方向的线偏振光。对于波片，若波片的快轴与 x 轴成 θ 角，其相位延迟为 δ，则相应的穆勒矩阵为

$$M_{(\theta, \delta)} = \begin{bmatrix} 1 & 0 & 0 & 0 \\ 0 & \cos^2 2\theta + \sin^2 2\theta \cos\delta & \sin 2\theta \cos 2\theta(1 - \cos\delta) & -\sin 2\theta \sin\delta \\ 0 & \sin 2\theta \cos 2\theta(1 - \cos\delta) & \sin^2 2\theta + \cos^2 2\theta \cos\delta & \cos 2\theta \sin\delta \\ 0 & \sin 2\theta \sin\delta & -\cos 2\theta \sin\delta & \cos\delta \end{bmatrix} \tag{6.48}$$

如果快轴取在 x 轴，波片快慢轴之间的相位延迟为 $\frac{\pi}{2}$，则其穆勒矩阵为

$$M_{\left(0, \frac{\pi}{2}\right)} = \begin{bmatrix} 1 & 0 & 0 & 0 \\ 0 & 1 & 0 & 0 \\ 0 & 0 & 0 & 1 \\ 0 & 0 & -1 & 0 \end{bmatrix} \tag{6.49}$$

如果快轴取在 y 轴，相位延迟为 $\frac{\pi}{2}$ 的波片，则其相应的穆勒矩阵为

$$M_{\left(\frac{\pi}{2}, \frac{\pi}{2}\right)} = \begin{bmatrix} 1 & 0 & 0 & 0 \\ 0 & 1 & 0 & 0 \\ 0 & 0 & 0 & -1 \\ 0 & 0 & 1 & 0 \end{bmatrix} \tag{6.50}$$

若一个线偏振光矢量与 x 轴夹角为 45°，通过快轴位于 x 轴的 1/4 波片 $M_{\left(0, \frac{\pi}{2}\right)}$，则可求出出射光的偏振态为

$$E_2 = ME_1 = \begin{bmatrix} 1 & 0 & 0 & 0 \\ 0 & 1 & 0 & 0 \\ 0 & 0 & 0 & 1 \\ 0 & 0 & -1 & 0 \end{bmatrix} \begin{bmatrix} 1 \\ 0 \\ 1 \\ 0 \end{bmatrix} = \begin{bmatrix} 1 \\ 0 \\ 0 \\ -1 \end{bmatrix} \tag{6.51}$$

即为左旋圆偏振光。

6.2.3　红外偏振成像方式

与可见光波段不同表面特性的物体具有不同的偏振特性类似，红外波段的目标反射及自身辐射电磁波的过程中也会产生由自身特性所决定的偏振特性。红外偏振成像就是利用目标的红外偏振特性进行目标探测与识别。对于任意目标，只要从一个光滑表面反射或者辐射时，从一定的观测角度来看，红外辐射就会产生线偏振光。利用这一原理，可以对目标进行

红外偏振成像。

红外偏振图像可以通过对传统红外成像仪中的辐射强度信息进行不同方向的偏振滤波，通过解算而得到。具体过程包括：采用偏振片对目标的强度信息进行偏振滤波分解、扫描、角度编码，从光强响应中解算出景物光波的偏振信息；将目标的偏振信息以图像的形式进行可视化显示；提取所需的目标特征。常用的几种红外偏振成像获取方案，按照偏振量获取数量的不同，可以将红外偏振成像的方案分为获取两个、3 个、4 个和凝视的红外偏振成像方法。这里主要介绍前三种方法。

1. 两个偏振量的成像方式

如图6.2 中所示的光学系统是由一个无焦透镜、一个偏振分束镜（偏振片）和两个聚焦透镜组成的。

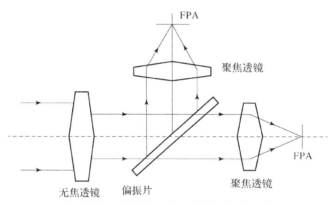

图6.2 两个偏振量的成像方式原理图

无焦透镜可以压缩光束，偏振片可以将两个相互垂直的偏振态分开，分为水平分量和垂直分量，最后利用两个聚焦透镜将两束偏振光聚焦到各自的红外焦平面探测器上。可以对红外焦平面上相应像素 (x, y) 的两个正交偏振的强度 $I_{//}(x, y)$ 和 $I_{\perp}(x, y)$ 进行差分计算 $_{PD}I(x, y) = I_{//}(x, y) - I_{\perp}(x, y)$ 和 $_{PS}I(x, y) = I_{//}(x, y) + I_{\perp}(x, y)$，然后以步进的方式旋转偏振片还可获取45°和135°偏振态光强的差与和，最后将不同方向的偏振信息进行可视化显示。这种偏振成像技术方案中，偏振片固定不动时就可获取两个偏振量。

2. 3 个偏振量的成像方式

3 个偏振量的成像方式是在传统红外探测器中使用了偏振片，随着偏振片的步进或连续旋转，可以从红外探测器中获取目标光波的 3 个不同的偏振量，然后通过解算得到目标的红外偏振信息，但是此方法的实时性较差。如图6.3 所示，目标的辐射量经过透镜到达偏振片时，当偏振片以步进的方式旋转到 4 个不同的位置时与偏振片的穆勒矩阵作用再通过聚焦透镜将目标的光波信息会聚到探测器上，可以获得 4 个不同的光强响应，然后解算出目标的偏振信息。其中偏振片的穆勒矩阵为

$$\boldsymbol{M}_P = \frac{1}{2} \begin{bmatrix} 1 & \cos 2\theta & \sin 2\theta & 0 \\ \cos 2\theta & \cos^2 2\theta & \sin 2\theta \cos 2\theta & 0 \\ \sin 2\theta & \cos 2\theta \sin 2\theta & \sin^2 2\theta & 0 \\ 0 & 0 & 0 & 0 \end{bmatrix} \quad (6.52)$$

式中，θ 为偏振片的透光轴与水平面的夹角。得到的斯托克斯矢量为

$$\begin{bmatrix} I' \\ Q' \\ U' \\ V' \end{bmatrix} = \boldsymbol{M}_P \begin{bmatrix} I \\ Q \\ U \\ V \end{bmatrix} = \frac{1}{2} \begin{bmatrix} 1 & \cos 2\theta & \sin 2\theta & 0 \\ \cos 2\theta & \cos^2 2\theta & \sin 2\theta \cos 2\theta & 0 \\ \sin 2\theta & \cos 2\theta \sin 2\theta & \sin^2 2\theta & 0 \\ 0 & 0 & 0 & 0 \end{bmatrix} \begin{bmatrix} I \\ Q \\ U \\ V \end{bmatrix} \tag{6.53}$$

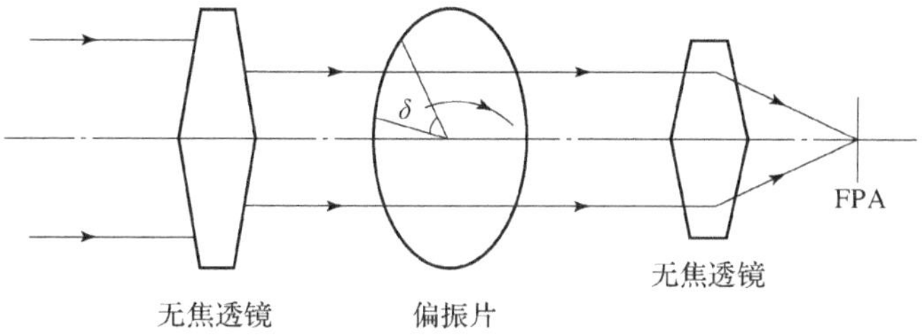

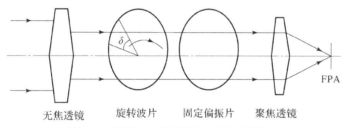

图 6.3　3 个偏振量的成像方式原理图

从探测器得到的光强输出响应为

$$I' = \frac{(I + Q\cos 2\theta + U\sin 2\theta)}{2} \tag{6.54}$$

将偏振片以连续的方式分别旋转到 0°、45°、90° 和 135°，红外探测器可以输出 4 个不同的光强图像，通过解算可以得到 3 个斯托克斯矢量和偏振度、偏振角等参数。

3. 4 个偏振量的成像方式

如图 6.4 所示，入射目标光波的斯托克斯矢量经过透镜到达波片、偏振片，当波片以步进的方式旋转到 4 个不同的位置时，就和波片、偏振片的穆勒矩阵作用，再经过聚焦透镜把入射景物光波会聚到探测器上，从而就获得了探测器的 4 个光强响应，从这 4 个光强响应中就能解算出景物光波的偏振态信息。

图 6.4　获取 4 个偏振量的光学系统原理

波片的穆勒矩阵为

$$\boldsymbol{M}_R(\delta) = \begin{bmatrix} 1 & 0 & 0 & 0 \\ 0 & 1 & 0 & 0 \\ 0 & 0 & \cos \delta & \sin \delta \\ 0 & 0 & -\sin \delta & \cos \delta \end{bmatrix} \tag{6.55}$$

式中，δ 为波片的透光轴相对水平的夹角。输出的斯托克斯矢量为

$$\begin{bmatrix} I' \\ Q' \\ U' \\ V' \end{bmatrix} = \boldsymbol{M}_P \cdot \boldsymbol{M}_R \cdot \begin{bmatrix} I \\ Q \\ U \\ V \end{bmatrix} = \frac{1}{2} \begin{bmatrix} 1 & \cos 2\theta & \sin 2\theta & 0 \\ \cos 2\theta & \cos^2 2\theta & \sin 2\theta \cos 2\theta & 0 \\ \sin 2\theta & \sin 2\theta \cos 2\theta & \sin^2 2\theta & 0 \\ 0 & 0 & 0 & 0 \end{bmatrix} \cdot \begin{bmatrix} 1 & 0 & 0 & 0 \\ 0 & 1 & 0 & 0 \\ 0 & 0 & \cos \delta & \sin \delta \\ 0 & 0 & -\sin \delta & \cos \delta \end{bmatrix} \cdot \begin{bmatrix} I \\ Q \\ U \\ V \end{bmatrix}$$

$$\tag{6.56}$$

从探测器的输出中得到光强相应为

$$I'(\theta,\delta) = \frac{1}{2}\left[I + Q\cos 2\theta + U\sin 2\theta\cos\delta + V\sin 2\theta\sin\delta \right] \qquad (6.57)$$

固定偏振片和旋转波片到不同位置时，红外探测器可以获取不同的光强信息，然后计算出目标的 4 个偏振量，同时也可以计算出目标的偏振度、偏振角等参数。

6.3　目标与背景的红外偏振特性

目标与背景往往没有很清楚的界线，对于同一幅图像，按照不同的划分标准，目标区域和背景区域完全可以互换。通常，对于图像中目标与背景区域的区分，大多是由观察者根据以往的经验或者持有的态度等对其进行主观判断的。除此之外，图像部分的明暗差别、面积比例以及形状等因素，也都会对人的主观判断产生一定的影响。人们通过遵循某种组织性原则而将图像的各个部分有机地联系起来。

在进行红外探测时，往往将所需要的物体称为目标，其他作为背景。其中在偏振成像时，按照偏振特性不同分为人工目标、自然目标。常见的人工目标的表面材料一般是混凝土、金属或类似材料（如建筑物、道路、桥梁和机场等）。常见的自然目标有海面、地面、沙石、岩地、草地等。

6.3.1　自然目标的偏振特性

自然物体表面相对粗糙，其反射以漫反射为主，它由大量的微面元组成，这些微面元的倾角和尺寸是无序和无规则的，因此，微面元的反射光的偏振方向比较杂乱。亮表面的反射光表现出较小的线偏振度，暗表面的反射光则表现出较大的线偏振度，这是因为暗表面以单次反射为主，而亮表面以多次反射为主。

植物的偏振特性与其所在的地理位置、天气、太阳高度角、观测角、种类、生长阶段等息息相关，为了详细地了解植物的偏振特性，必须对更多的植物做实验，而且要研究更多的入射角和反射角，包括入射平面以外的散射角。以光线的入射角、探测角、方位角以及不同的偏振角、植物单叶为主要因子进行分析研究测量结果。因此，对物体的偏振特性的决定因素进行理论上的研究，在偏振探测及结果分析中都具有事半功倍的意义。

自然界中的植物千差万别，而它们的叶子形状、厚薄、光滑程度、水分含量等也各不一样。但是它们的反射率是否也不一样呢？下面以旱金莲、海桐和橡皮树单叶为例比较它们的反射率。

被测样品旱金莲单叶近似圆形，半径约 5 cm，叶面光滑、中间凹下，灰绿色，叶脉清楚；海桐单叶为流线形，长 14 cm，最宽处约 7.5 cm，叶面光滑、明亮，绿色，沿主叶脉凹下；橡皮树单叶形状为长椭圆形，长轴为 14 cm，短轴为 7.5 cm，叶面深亮绿色，与海桐一样沿主叶脉凹下，横剖面呈钝角 "V" 形。

从图 6.5 中不难看出不同的植物单叶的偏振反射率是不一样的。图 6.5 是在光线入射天顶角为 50°，探测角为 50°，方位角为 10°~350°，偏振角为 0°，B 波段时旱金莲、海桐、橡皮树单叶的反射率曲线。从图中不难看出，不同的植物单叶的偏振反射率是不一样的。其共性为方位角 150°~220° 之间曲线变化明显，在方位角 180° 处有峰值出现，而在其他方位角处，曲线变化均很平稳。因此，我们把目标方位角在140°～220°范围内的偏振反射特性作为重点研究对象。（注：A 波段为630～690 nm，B 波段为760～100 nm）

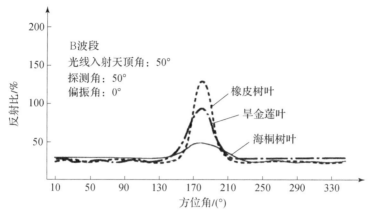

图 6.5　B 波段不同植物单叶的偏振反射

图6.6 和图6.7 分别是旱金莲单叶在 A 波段和 B 波段光线入射天顶角分别为30°、40°、50°、60°，探测角为60°时，偏振角为 0°和90°以及没有偏振状态下的反射率曲线。从图中可以看出，在探测角相同、光线入射天顶角不同的条件下，随着入射天顶角的增大，偏振反射也随之增大，并且偏振角为 0°、方位角为180°处（迎光方向），其比值为最大；而在90°偏振时虽然也存在峰值，但比值明显变小。二向性反射率的峰值基本上是0°与90°偏振反射率峰值的算术平均值。

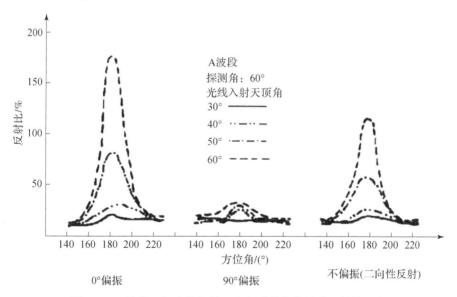

图 6.6　A 波段不同光线入射天顶角对旱金莲单叶反射的影响

图6.8 和图6.9 分别是旱金莲单叶在 A 波段和 B 波段光线入射天顶角为60°，探测角分别为30°、40°、50°、60°时，偏振角为 0°和90°以及不偏振状态下的反射率曲线。

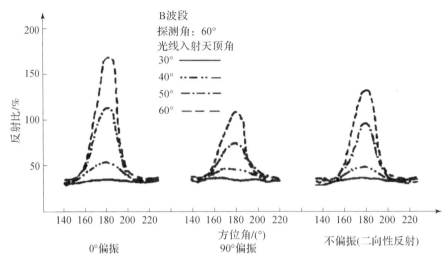

图 6.7 B 波段不同光线入射天顶角对旱金莲单叶反射的影响

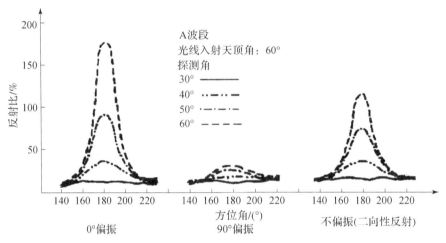

图 6.8 A 波段不同探测角入射天顶角对旱金莲单叶反射的影响

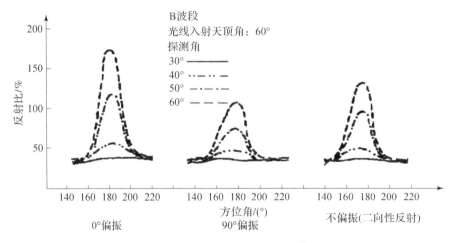

图 6.9 B 波段不同探测角入射天顶角对旱金莲单叶反射的影响

由图 6.8 和图 6.9 可知，在光线入射天顶角一定的条件下，旱金莲单叶的偏振反射率随着探测角的增大而增大，最大值在方位角 180°处，同样 0°偏振为最大值，而 90°偏振则峰值明显锐减。二向性反射率的峰值变化规律同上。

反射率与方位角的关系：从图 6.7 和图 6.9 可以看出，旱金莲单叶的偏振反射率无论是探测角固定、光线入射天顶角变化，还是光线入射天顶角固定、探测角变化，均在 140°~220°之间反射率变化明显，其峰值均在方位角 180°处出现，其他方位角处的偏振反射率较小，且变化不明显，曲线趋于平稳，并且这两种曲线相同。

综上分析，不同的植物具有不同的偏振反射特征。植物单叶的反射率随光线入射天顶角与探测角的增大而增大。不同植物的单叶在不同的波段、不同光线入射天顶角、不同探测角的条件下，它们的偏振反射率存在共性，即在 0°偏振时反射率出现最大峰值。而在 90°偏振时反射率出现最小峰值，其位置均为方位角 180°处。当光线入射天顶角固定，而探测角的变化分别为 30°、40°、50°、60°时，或者探测角固定，而光线入射天顶角的变化分别为 30°、40°、50°、60°时，它们的偏振反射率曲线是一样的。以上结论虽然是以旱金莲与海桐单叶等为例归纳整理出来的植物单叶偏振反射特性，但对其他植物来说均具有共性规律和普遍意义。

6.3.2 人工目标的偏振特性

人工目标所具有的偏振信息与其构成、形态和状态有关，水泥路面与柏油路面、钢铁与橡胶、真实环境与模拟环境等均可以应用偏振识别信息。

人造物体表面相对较光滑，以镜面反射为主，反射光表现出较大的线偏振度。例如，平滑的路面、冰面、水面或玻璃面，其反射光的主要成分是 S 光。偏振特性与目标的性质、测量波长、观测角度均有很大关系，具有非常重要的应用价值。物体的偏振特性与其材料、表面粗糙度、几何形状及内部机理等密切相关。

为了研究不同材料在线偏振光作用下反射光的偏振特性，我们进行了主动成像实验。红外辐射光通过偏振片后，变成线偏振光，经扩束后照射目标。目标反射光被望远镜接收，经偏振分束器后，其水平偏振分量和竖直偏振分量发生分离并分别并用两个 CCD 成像。由式 (6.58) 可计算出偏振度

$$P = \frac{I_x - I_y}{I_x + I_y} \tag{6.58}$$

式中，I_x 为采集到的水平偏振图像的平均灰度值；I_y 为采集到的竖直偏振图像的平均灰度值。实验目标分别采用铁片、铜片、铝片、树叶、塑料和白纸，每一次实验时保证光斑小于目标表面积，且目标位置不变，发射系统与接收系统的光路也不变。

不同目标反射光的偏振度如图 6.10 和表 6.1 所示。

从图 6.10 可以分析得出，人工目标的偏振度普遍要高于自然目标的偏振度，金属目标可以明显地从自然目标中识别出来，其主要原因是自然目标表面起伏较大，其散射光基本已没有散射特性。在这里我们还发现，白纸的偏振度是最小的，这跟物体表面的粗糙度有关，表面粗糙的物体在线偏振光作用下反射光的偏振度往往比光滑物体更大。

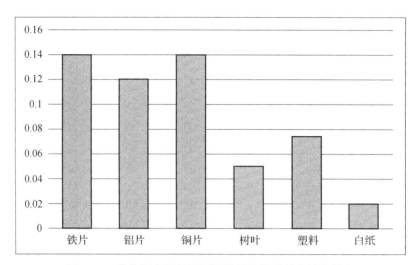

图 6.10　线偏振光照射下不同材料目标反射光的偏振度

表 6.1　不同目标反射光的偏振度

目标	水平图像直方图灰度平均值 I_x	竖直方向直方图灰度平均值 I_y	偏振度 P
铁片	117.27	88.32	0.140 8
铝片	127.32	100.18	0.119 3
铜片	131.72	99.73	0.138 22
树叶	53.30	48.16	0.050 66
塑料	90.77	78.26	0.074 01
白纸	193.34	200.68	0.018 63

6.3.3　背景的偏振特性

对于自然表面，反射辐射的偏振特性取决于其表面的固有属性，如其介质特性、结构特征、粗糙度、水分含量、观察角、辐照度等条件。自然背景局部光滑，但由于它们的表面取向各异，整体无规则，光在传播过程中经历了多次无规则的反射或散射，导致偏振度的离散性较大，偏振图像比较杂乱，平均线偏振度较小。

（1）植被：自然界中的植物千差万别，而它们的叶子形状、厚薄、光滑程度、水分含量等也各不一样。由于自然景物的表面相对粗糙，粗糙表面的反射以漫反射为主，有研究者在 8~12 μm 波段、观察角为 70° 条件下研究了植物（草、树等）的偏振特性。实验表明，在红外波段自然地物的红外偏振度非常小（<1.5%）。

（2）沙和土壤：土壤反射辐射的偏振与其结构、化学及矿物组成有关，土壤水分的含量也严重地影响到偏振度的大小。沙和土壤的反射偏振度与照明条件、观测条件有关，偏振的分布也是较为明显的，如在观测方位 90°~110° 范围内可以观测到最大偏振效果。

（3）岩石：岩石偏振辐射的变化与其金属含量以及所受碳氢污染程度有关。岩石的偏振图像有助于它的识别和标记，因而这些特征已经被广泛地应用于行星探测方面。

（4）水表面：自然水体表面的镜反射遵从菲涅尔法则。在偏振探测中，一是可以利用水体表面的偏振分布特征有效减弱太阳闪耀对目标探测的影响；二是可以利用这些太阳闪耀的耀斑来获取水面状态信息，如波向、波高等，特别是对油膜的分布区域判断相当有效。另外，偏振对水体中的悬浮粒子的特性、尺度及浓度等的探测均是有效的。

根据海上石油运输的溢油问题，模拟水面溢油的红外偏振特征，水面油膜的偏振度（DOP）与温度变化关系如图 6.11 所示。

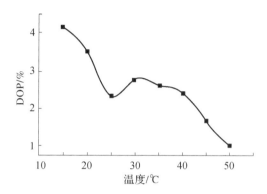

图 6.11　水面油膜偏振度与温度的关系

由图 6.11 可知，油膜的偏振度随着温度的升高而降低。25 ℃时其偏振度存在极小值，在 25～40 ℃之间，偏振度减小得缓慢。在 15～25 ℃、40～50 ℃两个范围内，偏振度减小得较快。通过上述分析，15 ℃时偏振度最大，50 ℃偏振度最小，两点处的偏振度差异较大。在此温度条件下比较油膜水面与清水偏振态，分别计算温度在 15 ℃与 50 ℃情况下清水与溢油水面的偏振度、偏振角（AOP）、强度值，选取相同区域中的 10 个采样点数据绘制成曲线图如图 6.12～图 6.14 所示。

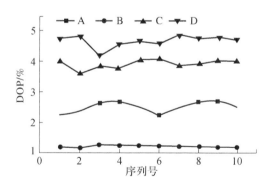

图 6.12　不同温度下油膜与清水的偏振度对比曲线

图 6.12 中，A 表示 50 ℃清水，B 表示 50 ℃溢油水面，C 表示 15 ℃清水，D 表示 15 ℃溢油水面。比较分析可知，油膜与水面的偏振特性差异较大，而红外辐射强度差异较小。由图 6.12 可以发现，在 50 ℃时清水的偏振度高于溢油水面的偏振度，在油膜作用下水面偏振度降低约 40%。而在 15 ℃时，二者情况恰好相反，水面的偏振度低于溢油水面的偏振度，在油膜作用下水面偏振度增加约 20%。这是由于油与水的化学成分不同，各自不同的退偏系数引起了偏振度的差异。此外，温度对油膜改变水面偏振度的能力也有很大影响。从图

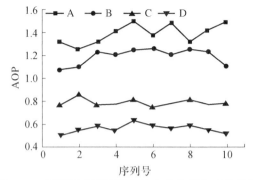

图6.13 不同温度下油膜与清水的偏振角对比曲线

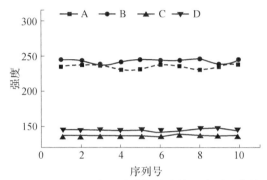

图6.14 不同温度下油膜与清水的强度对比曲线

6.13 中可知,温度相同的情况下,溢油水面的偏振角明显低于清水的偏振角,同时偏振角的值随着温度的升高而增加。

由分析知,温度在 15~25 ℃ 之间,溢油水面的偏振度随着温度的升高而下降。在低温时,溢油水面的偏振度高于清水偏振度。而在高温时,溢油水面的偏振度则低于清水偏振度。温度在 15~50 ℃ 之间时,溢油水面的偏振度明显低于清水的偏振度。

6.4 红外偏振成像与光强成像的对比

6.4.1 大气传输差异特性分析

大气的基本成分是氮和氧以及少量的稀有气体,此外大气中还含有水蒸气、二氧化碳、臭氧等气体以及灰尘、水滴等固态、液态悬浮物。对于大气对成像的影响,国内外学者都做了不少研究,根据大气的光传播方程建立单色图像复原模型,认为大气对光的散射以及大气自身成像是影响成像效果的主要因素。目标反射和自身辐射偏振光经过大气分子和气溶胶的散射将会衰减,这给目标检测和边缘标定带来较大的困难。不同的天气条件、光照条件偏振成像的效果都有所差别,晴天太阳光的偏振度最强,阴天太阳光几乎为无偏光。因此,在阴天条件下利用偏振探测进行目标检测是比较容易实现的。由于颗粒的各向异性和多次散射会减小光的线偏振度,烟雾的退偏作用主要与烟雾浓度、颗粒的运动状态等因素有关。烟雾的浓度较小时，散射的退偏作用较弱，微粒的各向异性是产生退偏的主要原因；烟雾浓度较大时，多次散射显著，退偏现象较强，多次散射作用是产生退偏的主要原因。单次瑞利散射的侧向光（与入射光正交方向）为线偏振光，但随烟雾浓度的增大将变为部分偏振光，烟雾浓度增加到一定程度后完全退偏为自然光。但是，大气辐射背景具有一定的偏振度，而且偏振方向一般与目标的偏振方向不同，大气偏振角是大气辐射特性最强的一个方向，反之，与大气偏振方向垂直的方向就是大气辐射特性最弱的方向，因此，利用偏振技术可以抑制大气辐射背景，提高物体的识别效果，有效地克服大气对红外成像的影响。

由于大气中的水蒸气及悬浮在大气中的微粒对辐射具有吸收和散射作用，红外辐射在大气传输的过程中会发生衰减。大气中的散射元主要包括大气的分子（主要是氮、氧及少量稀有气体）、大气中悬浮的微小水滴（形成雾、雨及云）以及悬浮的固体微粒尘埃、碳粒（烟）、盐粒子和微小的生物体。散射的强弱与大气中散射元的浓度及散射元的大小有密切关系。大气中悬浮的一些固体微粒（如尘埃、烟、盐粒子等）通常称为霾，霾是由半径为 0.03~0.2 μm 的粒子组成的。在湿度比较大的地方，湿气凝聚在上述粒子周围，可以使它们变大，形成细小的水滴，这就形成了雾和云。形成雾和云的水滴半径为 0.5~80 μm，其中半径在 5~15 μm 之间的水滴数目较多。由此看到雾和云中的粒子半径多数同我们所应用的红外辐射的波长差不多，而霾中所含粒子的半径要小得多。根据散射理论可知，当辐射的波长比粒子半径大得多时，这时所产生的散射称为瑞利散射。其散射系数为

$$\sigma = \frac{K}{\lambda^4} \tag{6.59}$$

式中，K 为与散射元浓度、散射元尺寸有关的常数；λ 为辐射的波长。

大气分子及霾的散射都属于瑞利散射。由式（6.59）看出，瑞利散射的散射系数与波长的 4 次方成反比，因此大气分子及霾对于波长较长的红外线来说散射作用很小。当粒子的大小和辐射波长差不多时，这时所产生的散射称为 M_{ie} 散射，其散射强度除了与波长有关外，还与粒子的半径有关，M_{ie} 散射的散射系数为

$$\sigma = kr^2 \tag{6.60}$$

式中，k 为与粒子数目及波长有关的系数；r 为散射粒子的半径。

雾和云的散射是 M_{ie} 散射。由式（6.60）可见，M_{ie} 散射系数与粒子半径的平方成正比，因此在薄雾中（雾粒较小）红外线有较好的透过性。而在浓雾中（雾粒较大）红外线和可见光一样透过性都很差。因此红外装置的使用不是全天候的，在浓雾中几乎不能使用。由于水汽的浓度和大气中所含灰尘、烟等微粒数目随高度的增加剧烈减少，所以雾和烟在低空常见，在高空时雾和烟的影响较小。因此对于 2 μm 以上的红外线在 3 000 m 以上的高空，大气分子散射及悬浮物的散射都不是影响大气衰减的主要因素。

从前面的分析已经知道，对于红外辐射，大气的衰减作用主要是大气中分子（水蒸气、二氧化碳、臭氧）的吸收所造成的，这三种物质对红外线的吸收都呈选择性吸收，即在某些波段内对红外线的吸收很强烈（常常称为强吸收带），某些波段内吸收很弱。这样一来，大气透射率曲线就被强吸收带分割成许多区域。红外辐射在大气中传输时，每一处都有它特有的气象因素，包括气压、温度、湿度以及每一种吸收体的浓度等，每一种因素都对红外辐射有衰减作用。因此大气衰减影响到红外成像的效果。

6.4.2　成像响应差异特性分析

热红外成像仪的基本工作原理是目标红外辐射通过红外物镜照射到探测器敏感材料上，引起其敏感材料的某些可测物理量的变化，从而将可测物理量的变化读出后通过 A/D 转换为电信号，通过电信号图像处理，再进行 D/A 转换，最后把信号传送到监视器，实现对热辐射的探测。红外热成像系统可以在普通红外成像系统探测器前增加偏振片装置。

红外偏振成像系统首先需要转动偏振片在不同的角度下进行多次光强成像，然后从探测器的光强响应中解算出景物的光波的偏振信息。红外偏振成像与光强成像相比：①加入偏振片，景物的红外辐射通过偏振片时发生二次衰减，造成偏振图像亮度较低。②成像过程复杂，实时性较差。③偏振片同步旋转的过程中，会在一定的程度上影响到目标的温度场，容易造成误差。但是，因为偏振度是辐射值之比，偏振测量无须准确地校准就可以达到高的精度，而传统的红外偏振测量中，需要对红外系统的测量进行严格的定标。红外偏振测量不仅能够提供红外光强图像，还能提供偏振度、偏振角、偏振参数图像，为场景的描述提供了多样的选择，对红外图像是有益的补充。

综上所述，红外偏振成像技术最显著的特点就是可以将一些传统热像仪无法辨别的目标与背景区别开来。因为传统热像仪测量的是物体辐射的强度，而偏振测量的是物体辐射在不同偏振方向上的对比度，所以它能够将辐射强度相同而偏振性不同的物体区别开来。红外偏振成像的另一个显著特点是它可以很好地区别人造物与自然物：因为自然物在长波红外波段一般不表现出偏振性（水除外），而对于人工制造的物体由于其材料及表面的光滑性，所以大都有不同程度的部分偏振，可以通过目标（人造物）与背景（自然物）偏振性的不同很容易将它们区分开来。

6.5　红外偏振成像系统的组成及应用

6.5.1　红外偏振成像系统的组成

偏振成像系统对目标探测识别主要集中在三个方面：

（1）采用偏振片或其他方法对目标偏振态进行分解、扫描、角度编码。

（2）从探测器的光强响应中解算出目标的偏振信息，将偏振信息可视化。

（3）偏振图像（融合）处理，提取目标特征。

偏振探测方法有多种，目前较常见的主要有旋转偏振片型、分振幅（波前）型、液晶调制型等。分振幅（波前）型光路调节困难，偏振微透镜阵列制作难度高；液晶调制型对光的损耗大（尤其对红外）、电调制噪声大。因此，对于目标偏振探测技术，目前最常用的方法是旋转偏振片型方法。

红外偏振成像系统主要由望远物镜、红外偏振片、红外滤光片、聚焦透镜、驱动电机、红外焦平面成像器件（FPA）、计算机控制与图像采集系统等构成，如图 6.15 所示。

红外偏振成像系统的工作过程如下：通过计算机发送指令给驱动电机，由驱动电机带动红外偏振片和红外滤光片旋转到指定位置，目标图像经过望远镜、红外偏振片、红外滤光片、聚焦透镜聚焦到探测器上。红外偏振片需要旋转 4 个偏振态位置，对 4 个位置分别成

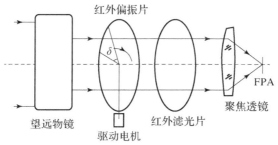

图 6.15　红外偏振成像系统示意图

像，通过数字图像处理，解算出目标的偏振信息，提取目标的红外辐射特性，实现红外场景目标的偏振成像探测。

6.5.2　红外偏振成像系统的原理

当一束自然光在两种介质界面发生反射和折射时，反射光和折射光的传播方向虽由反射和折射定律决定，但这两束光的振动趋向（即偏振态）则需根据光的电磁理论，由电磁场的边界条件来决定。根据菲涅尔公式，如果入射光不是垂直入射到地物表面，则反射光中电矢量的平行分量和垂直分量，分别为由不同方向、振幅不等的大量偏振光的电矢量在这两个方向上投影的矢量和。因此，这两个分量是不相干的，不能合成为一个矢量，是部分偏振光，其偏振态与入射光的偏振态不同，也就是说当入射光为自然光时，经过地物表面反射后，其反射存在偏振现象。

由于物体反射和电磁辐射的过程中都会产生由其自身性质决定的偏振特性，不同物体或同一物体的不同状态（如粗糙度、含水量、材料理化特征等）在热红外波段往往具有不同的偏振态；自然物和人造物之间存在明显的红外偏振特性差异，这些差异可构成目标探测的新信息。因此，红外偏振成像技术逐步成为近年来国内外研究的热点，并在复杂背景下的目标探测中展现出广泛的应用前景。可以说，由于偏振光中蕴含着大量的其他光学特性所不具有的信息，不论从水下成像到地面、空中成像，还是从可见光波段到热红外波段均能发挥重要的作用，偏振成像探测技术已经成为国内外比较关注的热点技术。

红外偏振成像探测就是通过线偏振器件对场景的反射光或自身辐射进行偏振滤波，然后通过光电成像器件得到场景的线偏振图像。由于偏振信息是不同于辐射的另一种表征事物的信息，相同辐射的被测物体可能有不同的偏振特性，因此，利用偏振探测可以像辐射强度探测一样对物体进行特性表征和区别，能在低照度条件下检出有用信号。红外偏振成像与传统的红外成像（光强成像）是兼容的，即两物点之间的温差增大，图像对比度也会相应增强。对于任意目标，只要从光滑表面反射或辐射，并以一定的角度来观测，其辐射或反射光的线偏振总会发生，相对于较粗糙的泥土、植被等，背景辐射或反射则几乎不表现出偏振特性，而人造物体由于光滑表面的反射或辐射多表现为不同程度的部分偏振。

如今红外探测的精度和灵敏度越来越高，可以探测的目标温差越来越小，但是，由于杂乱背景信号的限制，目标发现和识别的概率却仍不是很高。使用伪装技术，在目标物周围放置温度相同的噪声源，那么现有的红外热像仪就无法进行识别了。如何解决这一问题，就是将偏振成像引入红外领域的目的。

不同物体或同一物体的不同状态会产生不同的偏振态，形成不同的偏振光谱。传统红外技术测量的是物体的辐射强度，而偏振测量的是物体辐射在不同偏振方向上的对比度，因此它能够将辐射强度相同而偏振性不同的物体区别开来。

红外偏振成像系统是基于红外成像技术和偏振光成像技术的结合。红外成像系统的主要目的是将红外辐射转换为伪彩或灰度图像，该图像应表示目标或背景红外辐射的二维分布。在光学上，红外偏振成像系统采用了偏振光，利用偏振光在被扫描的表面反射或透射时的性质来提取目标物的偏振信息。

红外偏振成像技术主要通过目标与景物的红外辐射及偏振特性差异进行目标探测与识别。红外偏振成像技术最显著的特点就是：可将传统热像仪无法辨别的目标与背景很轻松地区别开来。由于传统热像仪测量的是物体的辐射强度，而偏振测量的是在不同偏振方向上的物体辐射对比度，所以它能够将辐射强度相同而偏振特性不同的物体区别开来。与传统的红外成像技术相比，红外偏振成像技术具有以下几点优势：

（1）偏振测量无须准确的辐射量校准就可以达到相当高的精度，这是由于偏振度是辐射量值之比。而在传统的红外辐射量测量中，红外测量系统的定标对于红外系统测量的准确度至关重要。红外器件的老化，光电转换设备的老化，电子线路的噪声，甚至环境温度、湿度的变化都会影响到红外系统。如果红外系统的状态已经改变，但是系统没有及时定标，所测得的红外辐射亮度和温度也必然不能反映被测物体的真实辐射温度和亮度。

（2）大量国内外研究表明：目标和背景差别较大，其中自然环境中地物背景的红外偏振度非常小（＜1.5%），只有水体体现出较强的偏振特性，其偏振度一般在8%~10%，而金属材料目标的红外偏振度相对较大，达到2%~7%，因此以金属材料为主体的军用车辆和地物背景的偏振度差别较大，所以利用红外偏振成像技术识别地物背景中的车辆目标具有明显的优势。

（3）军事上的红外防护的主要方法是制造复杂背景，在背景中杂乱无序地放置各种红外点热源和面热源，使背景不均匀，红外系统无法从背景中区别目标。但是这种杂乱的热源和目标偏振特性可能存在不同，因此这种形式的防护对红外偏振成像侦察就存在局限性。

（4）红外偏振成像系统在取得偏振测量结果的同时，还能够提供辐射量的数据。

综上所述，红外偏振成像技术比传统的红外成像技术在目标侦测识别上有着明显的优势，其主要利用红外偏振特性将本来难以识别的杂乱背景和目标区分开来。可以看出，红外偏振成像技术不仅是红外侦察技术的一次革命性进步，而且对传统的红外伪装技术提出了严峻的考验。

6.5.3 红外偏振成像系统的应用

红外偏振探测技术在军事领域具有较高的应用潜力，比如地雷探测、伪装目标探测识别等方面有广泛应用。

（一）地雷探测

国外从20世纪60年代开始，从理论实验、实际应用等方面对红外偏振成像技术进行了研究，并随着高性能红外探测器，特别是红外焦平面探测器技术的发展，红外偏振成像技术近年来成为研究的热点。

瑞典国防研究机构的Göran Forssell从2001年到2005年对地雷及拉发线的探测进行了

深入研究，Göran ForsseII 研究团队搭建了中（3～5 μm）、长（8～12 μm）波双波段红外偏振探测系统，模拟将杂草与灰尘等覆盖到地雷表面，通过双波段红外探测系统对其进行探测研究，结果表明：与无偏振器件的辐射探测比较，红外偏振探测系统可以有效地探测到所设置的地雷，提升了系统的目标探测能力。另外，Göran ForsseII 还通过红外偏振探测系统对同一场景不同季节的偏振特性进行了探测研究，结果表明：在冬季覆盖大雪的情况下，红外偏振探测系统对目标的探测效果并不显著。

（二）伪装目标探测识别

2003 年，Göran ForsseII 和 Eva Hedborg－Karlsson 对伪装遮障进行了野外实验，取得了明显的探测效果。无论是否装有伪装网，红外偏振成像对目标（金属板）的探测效果都明显优于红外成像。因此，利用偏振信息，传统的红外伪装将出现明显的局限性（鉴于目前国内仍停留在基于电磁强度特性和几何特性等信息的传统红外伪装技术阶段，其更能显示出研究对抗红外偏振侦察手段和方法的必要性）。

红外偏振探测技术除了在军事领域具有应用潜力外，在民用领域也具有较高的应用价值，应用领域涉及天文探测、大气探测、地球资源调查、医学诊断、海洋监测以及图像理解等方面。

1. 天文探测

红外成像偏振探测最早应用于行星表面土壤、大气探测和恒星、行星以及星云状态等的探测方面，因为来自天体的光的偏振包含大量的关于这些天体自身物理状态的信息，而这些信息通常不能由其他探测手段获取，同时偏振探测方法是确定恒星电磁场的一个基本方法。目前成像偏振探测已经成为天文探测中的一个重要方法，并且得到了广泛应用。

2. 大气探测

偏振探测技术可以探测地面上空云的分布、云的种类和高度、云和大气气溶胶粒子的尺寸分布，这些因素都将影响大气辐射收支，对大气、气象产生很大的影响；偏振探测还可用于探测上层大气中自然形成的亚稳态原子氧的潜线来测量上层大气风场的速度和温度，这为大气物理研究提供了有用的数据。

3. 地球资源调查

偏振信息与地物目标的结构、化学成分、水分含量、岩石中的金属含量等有关，不同的矿物会产生不同的偏振，不同性质的土壤、植被的偏振也不同，这对于研究水旱环境、土壤侵蚀等有着广阔的应用前景，也可以用于研究植被生长、病虫害、农作物的估产等。

4. 医学诊断

运用成像偏振探测技术可以对生物组织病变前后的偏振特征进行测量、对比和分析。近年来基于 Muller 矩阵的偏振成像方法引起了人们的广泛关注。Itoh 等通过比较含有正常和破损红细胞的人体血液组织的点光源照明背向 Muller 矩阵，发现背向 Muller 矩阵可以用于血液疾病的检测。Hielscher 小组也研究了高散射介质的点光源照明背向 Muller 矩阵二维分布花样，他们发现 m44 阵元的二维空间分布可以用来区分正常细胞和癌变细胞。Antonelli 小组对肠癌组织进行了面光源照明 Muller 矩阵成像，研究发现 m22 和 m33 阵元可以区分正常组织和癌变组织。Pierangelo 等通过多光谱 Muller 矩阵成像方法（Multispectral Muller Polarimetric

Imaging）研究了不同波段下不同组织结构对 m22、m33 和 m44 阵元的影响，这些研究结果有助于解释 Muller 矩阵阵元对正常和癌变组织表现的差异。Chung 等对口腔组织进行了偏振度成像和 Muller 矩阵成像，研究发现偏振度参数无法区分口腔癌组织和正常组织，而 Muller 矩阵分解参数可以用于口腔癌的早期检测。Wood 等用 Muller 矩阵分解方法对皮肤组织进行成像，通过人为破坏皮肤组织的胶原纤维，并观察 Muller 矩阵分解参数的变化，得出 Muller 矩阵分解参数能反映组织结构差异，有望用于皮肤组织的病变检测。Yao 小组测量了骨骼肌的背向 Muller 矩阵并得到了分解参数，通过与各向同性聚苯乙烯球溶液的实验结果进行对比分析，他们发现骨骼肌组织的实验结果具有较强的二色性和相位延迟，体现出骨骼肌组织较强的光学各向异性特征。Shunkla 小组研究发现，Muller 矩阵分解方法能用于宫颈癌的早期检测。Martino 小组对宫颈上皮瘤进行了详细研究，结果表明偏振差和偏振度成像参数无法区分宫颈异常组织与正常组织，而 Muller 矩阵分解参数可以区分宫颈上皮瘤（CIN）发展的不同阶段。该课题组在前期探究中则提出了一种 Muller 矩阵变换方法（Muller Matrix Transformation，MMT）。该方法从 Muller 矩阵中定量提取了三个与组织微观结构相关的表征参数——b 参数、A 参数和 x 参数，并开展了初步的应用研究，实验结果显示出该方法可能具有癌症早期诊断的临床应用潜力。

5. 海洋监测

已有的研究表明，海水是否被污染，海面上有无云雾、云雾粒径分布状况、海的高低以及海面风速的大小等都会在辐射的偏振态中反映出来。

6. 目标检测

偏振成像可以利用不同目标散射光偏振度的差异来消除高漫反射率目标的干扰。自然界的物体如树木、泥土和表面粗糙的其他物体对偏振光的消偏作用往往比人造光滑物体更大，因此偏振成像提供了识别杂乱自然背景中人造目标的手段，它比简单使用光强识别目标的方法有更高的效率。此外，对于亮背景中的暗目标，如夜晚车灯背景下的汽车牌照，因为背景光为非偏振光，而且金属牌照的反射光的偏振度较高，所以采用偏振光照明主动成像的方式可以有效减小背景光干扰，提高目标图像对比度。

7. 物质分类和目标识别

根据物质的导电特性，物质可以简单地分为导体和绝缘体。根据菲涅尔反射模型，假定入射光为无偏光，经过金属或绝缘体表面反射后的漫反射和镜面反射分量的强度值均与菲涅尔反射系数有关，而菲涅尔反射系数又直接与物体的介电常数、磁介常数等物体本质特性有关，因此可以通过菲涅尔反射系数来间接地确定物体的导电特性，进而将其分为导体或绝缘体。另外，金属会对光波的相位产生延迟，绝缘体则不会，L. B. Wolff 等在 1990 年通过利用偏振菲涅尔反射系数（PFR）来判断反射面是绝缘体还是导体，Hua Chen 等利用物体反射前后光束相位的差异（偏振相角）来确定金属和绝缘体。

8. 散射介质成像

可见光在大气或水中传播时，将会受到介质中粒子的散射和反射，使光学成像系统获取的图像变得模糊，能见度降低，对比度下降，从而丢失大量的信息。一般来说，后向散射光和目标反射光都是非完全偏振光，目标反射光的偏振度小于粒子散射光的偏振度，目标反射光的偏振度取决于目标的表面光学特性，目标表面越粗糙，目标反射光的解偏度越大，偏振度越小。粒子的后向散射光的偏振度与粒子的尺寸大小、发生碰撞的概率（粒子的浓度）有关。利用偏振技术可以改变目标反射光和散射光强度之间的相对大小，从而降低背景噪声以达到提高图像清晰度的目的。

值得注意的是，成像偏振探测技术虽然在各个领域得到了广泛的应用，但是对于反映物质本质特征的偏振信息却没有得到充分的利用，同时没有和其他类型的传感器获取的信息进行综合利用，使得目标检测与识别能力的进一步提高受到了限制，需要采取多源图像融合技术解决这一问题。

本章小结

本章介绍了光的偏振的基本概念，我们首先应了解何为偏振，它是如何产生的。偏振光可以分为椭圆偏振光、圆偏振光和线偏振光等，另外自然光和部分偏振光也是光的宏观偏振态。本章详细阐述了红外偏振成像原理、偏振光的产生、偏振光的描述方式以及红外偏振的不同成像方式，这些内容紧密围绕主题进行展开。对于同一幅图像，目标与背景往往没有清楚的界线，自然目标和人工目标存在不同的偏振特性，它们又有不同于背景的偏振特性，只有了解了它们之间的区别，才能更好地区分目标和背景。本章通过对具体的红外偏振成像与光强成像对比分析，描述了大气传输差异特性和成像响应特性。最后，阐述了红外偏振成像系统的组成及其应用。

本章习题

1. 简单描述光的偏振的形成过程。
2. 光的偏振有哪几种形式？
3. 偏振光有哪些产生方式？
4. 红外偏振与红外光强成像响应有什么不同？
5. 请给出斯托克斯公式的推导过程。
6. 简述红外偏振成像的基本原理。
7. 红外偏振成像系统主要由什么构成？
8. 简述红外偏振成像系统的应用。

参 考 文 献

［1］刘景生. 红外物理 ［M］. 北京：兵器工业出版社，1992.

［2］陈衡. 红外物理学 ［M］. 北京：国防工业出版社，1985.

［3］美国国家大气和海洋局. 标准大气 ［M］. 北京：科学出版社，1982.

［4］吴晗平. 红外搜索系统 ［M］. 北京：国防工业出版社，2013.

［5］张建齐，方小平. 红外物理 ［M］. 西安：西安电子科技大学出版社，2004.

［6］杰哈. 红外技术应用 ［M］. 张孝霖，译. 北京：化学工业出版社，2004.

［7］周书铨. 红外辐射测量基础 ［M］. 上海：上海交通大学出版社，1991.

［8］叶玉堂，刘爽. 红外与微光技术 ［M］. 北京：国防工业出版社，2010.

［9］陈永甫. 红外辐射红外器件与典型应用 ［M］. 北京：电子工业出版社，2004.

［10］［俄］克里克苏诺夫. 红外技术原理手册 ［M］. 俞福堂，译. 北京：国防工业出版社，1986.

［11］杨风暴，蔺素珍，王肖霞. 红外物理与技术 ［M］. 北京：电子工业出版社，2014.

［12］石晓光，宦克为，高兰兰. 红外物理 ［M］. 杭州：浙江大学出版社，2013.

［13］宋贵才，全薇，王新. 物理光学理论与应用 ［M］. 北京：北京大学出版社，2012.

［14］宋贵才，全薇，张风东. 现代光学 ［M］. 北京：北京大学出版社，2014.

［15］张建奇. 红外系统 ［M］. 西安：西安电子科技大学出版社，2018.

［16］冯克成，付跃刚，张先徽. 红外光学系统 ［M］. 北京：兵器工业出版社，2006.

［17］ROGALSKI A，MARTYNIUK P，KOPYTKO M. Challenges of Small – pixel Infrared Detectors：a Review ［J］. Rep. Prog. Phys.，2016，79：1 – 42.

［18］周求湛，胡封晔，张利平. 弱信号检测与估计 ［M］. 北京：北京航空航天大学出版社，2007.

［19］李志林，肖功弼，俞伦鹏. 辐射测温和检定/校准技术 ［M］. 北京：中国计量出版社，2009.

［20］高稚允，高岳. 军用光电系统 ［M］. 北京：北京理工大学出版社，1996.

［21］DANIELS A. Field Guide to Infrared Systems，Detectors，and FAPs ［M］. 2nd Edition. Bellingham：SPIE Press，2007.

［22］GERALD C H. Testing and Evaluation of Infrared Imaging Systems ［M］. 3rd Edition. Winter Park，Fla：JCD Publishing，2008.

［23］叶玉堂，刘爽. 红外与微光技术 ［M］. 北京：国防工业出版社，2010.

［24］常本康，蔡毅. 红外成像系统与阵列 ［M］. 北京：科学出版社，2009.

［25］邸旭，杨进华. 微光与红外成像技术［M］. 北京：机械工业出版社，2012.

［26］孙继银，孙向东，王忠，等. 前视红外景象匹配技术［M］. 北京：科学出版社，2011.

［27］REIBEL Y，CHABUEL F，VAZ C，et al. Infrared Dual Band Detectors for Next Generation［C］. SPIE，2011，8012：381－383.

［28］REHM R，WALTHER M，RUTZ F，et al. Dual－color InAs/GaSb Superlattice Focal－Plane Array Technology［J］. Journal of Electronic Materials，2011，40（8）：1738－1743.

［29］DESTEFANIS G，BAYLET J，BALLET P，et al. Status of HgCdTe Bicolor and Dual－band Infrared Focal Arrays at LETI［J］. Journal of Electronic Materials，2007，36（8）：1031－1044.

［30］姜贵彬，蓝天，倪国强. 红外热成像系统评价的重要参数及测试方法［J］. 红外与激光工程，2008，37：470－473.

［31］张建奇，王晓蕊. 光电成像系统建模及性能评估理论［M］. 西安：西安电子科技大学出版社，2010.

［32］白廷柱，金伟其. 光电成像原理与技术［M］. 北京：北京理工大学出版社，2006.